北京儿童医院营养专家毛凤星

0~3岁宝宝辅食喂养指导

毛凤星 —— 编著
北京儿童医院副主任营养师
全国妇联专家组成员

中国轻工业出版社

图书在版编目（CIP）数据

北京儿童医院营养专家毛凤星：0～3岁宝宝辅食喂养指导／毛凤星编著．—北京：中国轻工业出版社，2018.5
ISBN 978-7-5184-1716-2

Ⅰ．①北…　Ⅱ．①毛…　Ⅲ．①婴幼儿—食谱
Ⅳ．①TS972.162

中国版本图书馆CIP数据核字（2017）第287768号

责任编辑：侯满茹
策划编辑：翟　燕　侯满茹　　责任终审：张乃柬　　封面设计：杨　丹
版式设计：杨　丹　　　　　　责任校对：吴大鹏　　责任监印：张京华

出版发行：中国轻工业出版社（北京东长安街6号，邮编：100740）
印　　刷：北京瑞禾彩色印刷有限公司
经　　销：各地新华书店
版　　次：2018年5月第1版第1次印刷
开　　本：720×1000　1/16　印张：14
字　　数：240千字
书　　号：ISBN 978-7-5184-1716-2　定价：45.00元
邮购电话：010-65241695
发行电话：010-85119835　传真：85113293
网　　址：http://www.chlip.com.cn
Email：club@chlip.com.cn
如发现图书残缺请与我社邮购联系调换
161305S3X101ZBW

前言

从出生开始，妈妈们就希望宝宝睡得好、吃得香，身体棒棒的。但是该怎么让宝宝获得足够的营养，让妈妈如愿呢？一开始宝贝的口粮当然是奶，包括母乳或者配方奶。但是满 6 个月后，单纯喝奶已经不能满足宝宝的所有营养需求，这时候就应该添加辅食了。

然而，不少新手爸妈又开始头疼了，宝宝6个月、7～8个月、9～10个月的辅食一样吗？应该如何添加辅食呢？

怎么做辅食又好看又好吃？

宝宝怎么吃辅食才能身体强壮、少生病？

添加辅食时，如何最大程度避免宝宝食物过敏？

吃辅食后，宝宝每天的奶量和没添加辅食时一样吗？

钙、铁、锌是爸爸妈妈们非常关心的矿物质，到底该怎么通过食物来补对这些营养素？

…………

本书从实用的角度出发，科学地指出了 0 ～ 3 岁宝宝在成长过程中如何吃，家长如何科学制作宝宝喜爱的食物。同时按月龄分阶段提供了多种有利于宝宝成长的食物选择，推荐了适合宝宝生长发育的辅食食谱，介绍了每月辅食喂养的重点。当然，本书还介绍了补钙、补铁、补锌、增强抵抗力等功能性食谱及辅食喂养指导，针对宝宝发热、咳嗽、感冒、便秘、腹泻、厌食、食物过敏等常见不适，提供了实用的喂养指导及绿色食疗方，给宝宝健康成长提供全方位饮食指导。

本书还有“育儿难题看这里”栏目，很多新手爸妈养育孩子遇到的棘手问题，在这里能找到详细解答。让新手爸妈一看就清楚，豁然开朗。

对于新手爸妈来说，说这是必备的辅食喂养书一点不为过。相信通过实践，每位新手爸妈都能修炼成宝宝的特级营养师。

目录

PART 1 辅食添加与制作重点，明明白白说给你

分阶段辅食喂养指导，精心呵护宝宝的健康

9 ~ 10 个月宝宝：添加细嚼型辅食 80

PART 3 特效功能辅食喂养指导，宝宝身体壮、少生病

常见病辅食喂养指导，让宝宝远离身体不适

PART 1

辅食添加与制作重点，明明白白说给你

辅食添加重点

明白及时给宝宝添加辅食的重要性

很多新手爸妈都知道，宝宝满 6 个月需及时添加辅食，但并不是每个人都了解，及时添加辅食对宝宝来说到底有多重要。

全方位补充宝宝成长需要的营养

宝宝过了 6 个月，对各种营养素的需求不断增加，特别是铁，母乳不再能满足宝宝的需求量。为了保证宝宝身体的正常发育，应该及时给宝宝添加辅食，尤其是富含铁的辅食。

此外，宝宝的唾液淀粉酶和胃肠道消化酶的分泌量在这时候也明显增加了，消化能力增强，宝宝可以消化乳类以外的食物了。因此，6 个月后添加辅食能补充母乳或配方奶的不足，为宝宝提供足够的营养。

锻炼宝宝的咀嚼能力

母乳或配方奶都是液态的食物，不需要咀嚼，宝宝的咀嚼功能从出生到 6 个月基本没有得到锻炼。满 6 个月后，及时给宝宝添加辅食，可以锻炼宝宝的咀嚼功能，为以后吃饭打下良好的基础。

另外，6 个月后，齿龈的黏膜也变得坚硬起来，宝宝能用齿龈或牙齿咀嚼食物了。从这一角度来看，及时添加辅食有利于宝宝出牙。

促进宝宝的肠道发育

宝宝的肠道正处于快速发育中，到 6 个月（满 180 天）添加辅食能有效刺激肠道。而且不同质地的辅食对肠道的刺激是不同的，这些刺激有利于促进宝宝的肠道发育，以吸收更多的营养物质，来满足宝宝生长发育所需。

帮助宝宝探索新世界

宝宝接受辅食过程中，眼、耳、鼻、舌等器官都受到相应刺激，体验辅食是宝宝探索世界的重要组成部分。

不同颜色、形状的辅食，刺激宝宝对色彩和形状的认识。

嗅觉 不同的食物气味，提供给宝宝不同的嗅觉体验。

味觉 让宝宝尝试各种各样的味道，能刺激味觉发育。

触觉 宝宝用嘴感受不同质地的食物，是触觉发育的重要组成部分。

喂养经验分享

6～12个月是味觉灵敏期，宝宝喜欢尝试不同的味道。在这个阶段，让宝宝尝试各种食物的原味，对其一生的健康都有良好的影响。

只有满足成长所需的营养，宝宝才能健康成长。天然食物是满足宝宝营养的首要选择，包括谷类、蔬果、肉类，这些食物大多味道清淡，可以给宝宝的味蕾带来刺激，帮助宝宝养成良好的饮食习惯。

找准添加辅食的几大信号

何时给宝宝添加辅食，不仅要参考月龄，宝宝的实际情况也是要考虑的重要因素。“家人吃饭时，宝宝羡慕地一直盯着看”，这就是宝宝要添加辅食的一个信号。这时候，可以给点不加调料的食物，如含铁米粉等。但要注意，这只是尝试，一般这种情况出现在宝宝 5 ~ 6 个月时。

《中国居民膳食指南（2016）》中建议，宝宝满 6 个月（180 天）开始添加辅食，但也要考虑宝宝个体情况及消化能力的不同。有些宝宝出现添加辅食的信号比较早，可能早于 6 个月。还有的宝宝缺铁，需要提前添加富含铁的辅食，但要先听取专业医生或营养师的建议。

出现下面的信号表明给宝宝添加辅食的时机已经成熟了。然而要注意，不能因“捕捉不到”信号就不及时添加辅食，否则可能导致宝宝出现营养不良，特别是可能出现贫血。因为有时候是宝宝发出了需要辅食的信号，没有引起父母的注意。

信号 1：宝宝能自己坐稳

最初的辅食是泥状或糊状的，不能躺着喂，否则有堵住宝宝气道的危险。只有在宝宝能保持坐姿的情况下才能添加（最起码在抱着宝宝时，宝宝可以挺起头和脖子，保持上半身直立）。当宝宝想要食物的时候会前倾身体，不想吃的时候身体会往后靠。

信号 2：宝宝开始对食物有兴趣

到 6 个月，宝宝的唾液分泌量有所增加，足以尝试一些食物了。这个时期，宝宝会突然对食物感兴趣，表现为看到大人吃东西专注地看，甚至自己也张嘴或朝着食物靠近。

信号 4：奶量需求变大

如果宝宝一天之内喝掉 900 ~ 1000 毫升配方奶，或要喝 8 ~ 10 次母乳（并且吃光两边乳房）还不够，说明在一定程度上奶不能满足宝宝的需要了。这时就可以考虑添加辅食了。

信号 5：体重达到出生时 2 倍

一般来说，当宝宝的体重达到出生时体重的 2 倍时，可以考虑添加辅食了。比如宝宝出生时体重 3500 克，当其体重达到 7000 克时，就应考虑添加辅食了，但不能早于 17 周龄。如果宝宝出生时体重较轻，在 2500 克以下，则应在体重达到 6000 克以后再添加辅食。

信号 3：挺舌反射消失

刚出生的宝宝都有用舌头推出放进嘴里的液体以外的食物这种本能，这是一种防止误食、误吸等造成呼吸困难的保护性动作。挺舌反射一般消失于 4 个月，也有一些宝宝 7 个月消失。这时用勺子把纯液体以外食物放进宝宝口中，宝宝能顺利地把食物从口腔前部转移到后部，完成吞咽。但这时候宝宝能接受的通常是流食或半流食。

喂养经验分享

早产宝宝添加辅食的月龄有个体差异，一般不宜早于矫正月龄[矫正月龄＝实际出生月龄－（40 周－出生时孕周）/4]4 个月，不晚于矫正月龄 6 个月。

宝宝抬头稳定、能坐，看见成人吃东西就流口水……有这些现象就要尝试给宝宝添加辅食。过早给宝宝添加辅食，宝宝免疫系统、消化系统不健全，容易过敏，给消化系统增加负担等。过晚添加辅食，会影响宝宝身体的发育，甚至导致偏食。

此外，1 岁以内，奶仍是宝宝的主食，所以辅食量要适当，但花样要多，这样才能保证营养摄取均衡，促进身体发育。

掌握辅食添加的原则

每个宝宝的发育情况不同，每个家庭的饮食习惯也有很大差异，所以给宝宝添加辅食的种类、数量也不同。但总体来说，宝宝辅食添加应该遵循以下原则。

由一种到多种

宝宝刚开始添加辅食时，只给宝宝吃一种适合本月龄的辅食，如米粉、南瓜、胡萝卜等。如果宝宝消化情况良好，排便正常，尝试 2~3 天没有不适，再尝试另一种食物。这样做的好处是如果宝宝对食物过敏，能及时发现过敏原。等宝宝适应了单一食物后，也可以尝试由两种及以上确认不过敏的食物混合做成的辅食。

由少到多

给宝宝添加一种新的食物，必须先从少量开始。父母要比平时更关注宝宝的状况，如果宝宝没有什么不良反应，再逐渐增量。拿添加蛋黄来说，应从 1/4 个蛋黄开始，如果宝宝能够耐受，1/4 的量保持几天后再加到 1/3，然后逐渐加到 1/2、3/4，最后为整个蛋黄。但要注意一个误区，很多人开始添加辅食就加蛋黄，这是有争议的。对于 6 个月的宝宝来说，蛋黄是高致敏食物。但也有专家表示晚添加蛋黄并不能减轻过敏现象。

1/4 鸡蛋黄 -----1/3 鸡蛋黄 -----1/2 鸡蛋黄 -----3/4 鸡蛋黄 -----1 个蛋黄

（逐渐加量有助于预防宝宝过敏）

由稀到稠、由细到粗

在刚开始给宝宝添加辅食时，建议添加一些容易消化、水分较多的流质辅食，以利于宝宝吞咽、消化。通常最开始添加的是含铁婴儿米粉，这是最不容易致敏的食物。待宝宝适应之后，慢慢过渡到各种泥状辅食，然后添加柔软的固体食物。给予宝宝食物的性状应从细到粗，可以先添加一些糊状、泥状辅食，然后添加末状、碎状、丁状、指状辅食，最后是成人食物形态。

注意观察宝宝的消化能力

添加一种新的食物，宝宝如有呕吐、腹泻等消化不良反应，应暂缓添加，待症状消失后至少两周再从少量开始添加。如果宝宝患病，要根据情况暂停添加新的辅食种类。

心情愉快

宝宝吃辅食时，应该营造一种安静、轻松的氛围。最好选择宝宝心情愉快的时候添加辅食，这样有利于宝宝接受辅食。另外，有固定的场所和餐具让宝宝吃辅食很重要。

满 6 个月添加辅食效果最佳

世界卫生组织（WHO）指出，从出生到 6 个月对婴儿进行纯母乳喂养有利于宝宝的健康。6 个月后，为满足营养需要，婴儿应获得营养充足的辅食，同时继续母乳喂养至 2 岁或 2 岁以上。而中国卫计委（国家卫生和计划生育委员会）印发的《儿童喂养与营养指导技术规范》中提到，随着生长发育，消化能力逐渐提高，单纯乳类喂养不能完全满足 6 月龄后婴儿生长发育的需求，婴儿需要由纯乳类的液体食物向固体食物逐渐转换，这个过程称为辅食添加，也称食物转换。建议开始引入非乳类泥糊状食物的月龄为 6 月龄，不早于 4 月龄。

选对添加辅食时机

给宝宝添加辅食除了要满 6 个月外，还要选对时机。这样不仅更易于宝宝接受辅食，还能促进宝宝生长发育。那么，到底什么时机给宝宝添加辅食呢？别急，看看下面的内容就知道了。

宝宝状态好时

吃母乳或配方奶以外的食物对宝宝来说是一种锻炼，以下三种情况应避免喂辅食。

生病时

接种疫苗前后

状态不好时

开始喂辅食的第一个月，上午 10 点是喂辅食的最佳时间。这个时间宝宝吃完一次奶过了一段时间，离吃下一次奶还有一段时间，情绪比较稳定。

喂辅食成功率高的情况

精神状态好。

吃奶时间比较有规律。

两顿奶之间喂辅食。

两次喂奶间

宝宝在吃完奶后，很可能拒绝辅食。辅食应在两次吃奶间添加。虽然已经开始添加辅食，但不能减少母乳或配方奶的摄入量，特别在 6 个月时，辅食的摄入量非常少，大部分营养还是来自于母乳或配方奶。

根据月龄选择食物的大小和粗细

想要让宝宝健康，就要掌握其在不同阶段的发育特点，给他最需要的营养和呵护。随着咀嚼能力的增强和消化系统的不断完善，宝宝所吃的食物形状要有所变化：从最开始的泥、糊到碎、块，以此来适应口腔变化和牙齿生长的需要。

以下食材只是举例说明，具体该添加何种食物的何种性状，还是要根据宝宝的具体情况来决定。

米形状的变化

6 个月
米汤状

7 ~ 8 个月
米水比例为 1 ： 10 的粥

9 ~ 10 个月
米水比例为 1 ： 7 的粥

11 ~ 12 个月
米水比例为 1 ： 5 的粥

13 ~ 24 个月
软软的饭

25 ~ 36 个月
和大人一样的饭

土豆形状的变化

6 个月
洗净去皮，切大块，放入辅食机中打成泥

7 ~ 8 个月
洗净蒸熟去皮，切成 2 毫米见方的丁

9 ~ 10 个月
洗净蒸熟去皮，切成 3 毫米见方的丁

11 ~ 12 个月
洗净蒸熟去皮，切成 5 毫米见方的丁

13 ~ 24 个月
洗净蒸熟去皮，切成小块

25 ~ 36 个月
和大人一样吃土豆，但要少油少盐

胡萝卜形状变化

6 个月
洗净切大块，放入辅食机中打成泥

7 ~ 8 个月
洗净煮软，切成 2 毫米见方的丁

9 ~ 10 个月
洗净蒸熟，切成 3 毫米见方的丁

11 ~ 12 个月
洗净蒸熟，切成 5 毫米见方的丁

13 ~ 24 个月
洗净蒸熟，切成小块

25 ~ 36 个月
和大人一样吃胡萝卜，但要少油少盐

西蓝花形状的变化

6 个月
切除硬茎，花冠部分掰成小朵，洗净煮熟，放入辅食机中打成泥

7 ~ 8 个月
切除硬茎，花冠部分煮熟后切碎（或打成泥糊状）

9 ~ 10 个月
切除硬茎，花冠部分煮熟后切碎（或打成厚糊状）

11 ~ 12 个月
切除硬茎，花冠部分煮熟后切成 5 毫米大小的碎块

13 ~ 24 个月
切除硬茎，花冠部分煮熟后切成碎块

25 ~ 36 个月
和大人吃一样的西蓝花，但少油少盐

苹果形状的变化

6 个月
洗净，去皮和核，切块
放入辅食机中打成泥

7 ~ 8 个月
洗净，去皮和核，
切小块

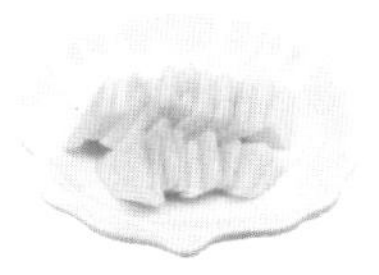

9 ~ 10 个月
洗净，去皮和核，
切成小片让宝宝咬

11 ~ 12 个月
洗净，去皮和核，
切成较厚的片让
宝宝咬

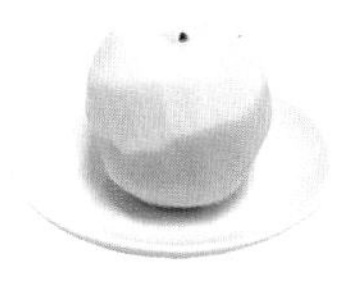

13 ~ 36 个月
洗净，去皮直接啃

鸡蛋形状的变化

6~7 个月
不建议吃

8 个月
1/4 个蛋黄，碾碎

9 ~ 10 个月
1/3 ~ 1/2 个蛋黄，碾碎

11 ~ 12 个月
3/4 ~ 1 个蛋黄

13 ~ 36 个月
整蛋

鸡肉形状的变化

6 个月
不建议吃

7 ~ 8 个月
在沸水中煮熟后切成小块，再用研磨器捣烂

9 ~ 10 个月
切片后煮熟，再剁成末状

11 ~ 12 个月
切片后煮熟，再切成 3 毫米见方的丁

13 ~ 24 个月
切片后煮熟，再切成 5 毫米见方的丁

25 ~ 36 个月
完全煮熟后，切成小块

牛肉形状的变化

6 个月
不建议吃

7 ~ 8 个月
切片后煮熟，再用研磨器捣烂

9 ~ 10 个月
切片后煮熟，再剁成末状

11 ~ 12 个月
切片后煮熟，再切成 3 毫米大小的丁

13 ~ 24 个月
切片后煮熟，再切成 5 毫米大小的丁

25 ~ 36 个月
完全煮熟后，切成小块

学会一眼看出食材量

食材的用量不必精确计量，用平常的勺子（底部长约 4 厘米）或靠感觉就能取到适当的量。

10 克米（生）
相当于 1 平勺

10 克西蓝花（生）
2 个鹌鹑蛋大小或剁碎后 1 勺

10 克土豆（生）
将土豆切成 5 厘米 ×2 厘米 ×1 厘米的长条 1 条或搅碎后 1 勺

10 克胡萝卜（生）
切碎后 1 勺

10 克洋葱（生）
拳头大小的洋葱切成 1/6 大小一块

10 克南瓜（生）
切碎后 1 勺

20 克金针菇（生）
用手握住时食指到拇指的第一个指节

10 克豆腐（生）
豆腐压碎后 1 勺

20 克菠菜（生）
从茎到叶子约 12 厘米长的菠菜 5 棵

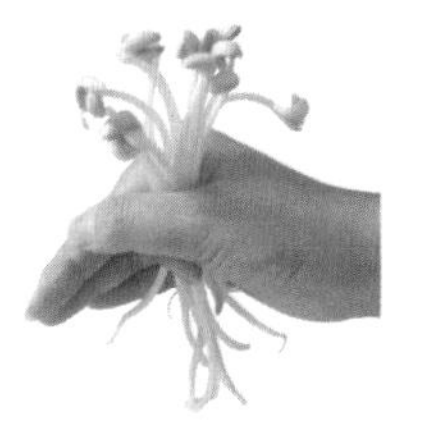

20 克豆芽（生）
用手握住时食指未达到拇指的第一个指节

10 克牛肉（生）
2 个鹌鹑蛋大小或剁碎后 1/3 勺

50 克白萝卜（生）
成人掌心大，厚度为成人大拇指宽

最好家人亲手做

市场上有许多成品婴儿辅食，可省去许多制作的麻烦。选购这样的辅食虽省事，但还是建议父母自己动手给宝宝制作，不仅经济实惠，还能保证食物的新鲜度。

1. 一定要选用新鲜的食材。最好现做现吃，不要让宝宝吃存放过久的食品，尤其是自制食品。

2. 切忌用已破损或腐烂的水果及蔬菜（已经剜除了溃烂部分也不行）制作辅食。

3. 烹饪时一定要煮熟煮透，特别是鸡蛋、鱼、虾和肉类，以免感染。

4. 制作辅食和喂食前，一定要保证所有用具和餐具清洁干净。

5. 在制作辅食时可通过不同食物（要保证这些食材不会导致宝宝过敏）的搭配来增进口味，如番茄肉末、土豆苹果泥等。其中天然的奶味是婴幼儿最熟悉和喜爱的口味。

用小勺喂利于吞咽

无论吃母乳还是使用奶瓶，奶水都直接到咽部，有利于宝宝吞咽。而泥糊状食物是需要舌卷住食物，并把食物送到咽部，再吞咽下去。所以开始给宝宝添加辅食，不要将米粉等放入调好的奶中，用奶瓶喂宝宝，而要用水把米粉调成泥糊状，用小勺来喂，这样更有利于锻炼宝宝的吞咽能力。

给宝宝选择颜色鲜艳的小碗和小勺。小碗和小勺的颜色要不同，最好存在巨大反差，比如红色、黄色搭配，这样能吸引宝宝的注意力，激起宝宝的兴趣。

学会添加手指食物

添加手指食物的好处

锻炼咀嚼能力

任何可以用手拿起来吃的食物都叫手指食物，所以手指食物不一定是长条的、手指形状的。对宝宝来说，吃饭就是在不断学习：从喝奶到吃泥糊状辅食，是宝宝锻炼吞咽能力的过程；而吃手指食物，是宝宝学习咀嚼的过程。有些宝宝吃泥状辅食吃得非常好，但吃手指食物时不知所措，这就是因为他不会咀嚼。

控制自己的抓握能力

宝宝通过手抓食物，可以慢慢地学会根据食物的大小、软硬来调整自己的抓握能力。开始时，宝宝不能控制手部力道，甚至拿不住食物。但慢慢地，宝宝在玩耍过程中就掌握了抓握的力量。同时，手指食物也成了宝宝的一件好玩的玩具。

帮助宝宝学会用勺子、筷子

从宝宝开始吃辅食时就锻炼宝宝用手抓食物，训练宝宝手、口、眼协调能力，让宝宝尽早学会用勺子、筷子，并独立吃饭。

添加手指食物的时间因人而异

因为每个宝宝的发育情况是不一样的，宝宝开始吃手指食物的时间也没有统一的标准。不要拿自己的宝宝和别的宝宝进行比较，而是应该根据宝宝的发育情况和对食物的兴趣决定什么时候给宝宝添加手指食物。一般情况下，宝宝在 6 ~ 9 个月对手指食物感兴趣居多。

添加手指食物的原则

大小易抓

开始给宝宝的手指食物，大小与宝宝大拇指差不多。随着宝宝成长改变手指食物的大小，根据宝宝的抓握能力调整手抓食物的形状。

软硬适度

手指食物的软硬度以宝宝可以用牙龈磨碎的硬度为准，并逐渐增加食物的硬度，可以让宝宝当磨牙棒用。

安全第一

质地硬且圆滑或者难以吞咽的小块食物不要喂给宝宝，以免发生哽塞（容易哽塞的食物：整颗的葡萄、橄榄等）。

不必在意弄得一片狼藉

宝宝刚开始吃手指食物，会把周围的环境搞得一片狼藉。家长可以给宝宝穿上围兜，等宝宝吃完后再打扫。宝宝自己吃时，家长不必太在意结果怎么样。

1 岁以前奶是主食

即使宝宝非常喜欢吃辅食，辅食也只是宝宝营养来源的一小部分，不能挤占奶的地位。在宝宝 1 岁以前，奶是宝宝的主要食物，包括母乳和配方奶。

1 岁以内的宝宝，如果母乳充足，在母乳基础上加辅食即可。如果母乳不足，就需要补充配方奶，然后再加辅食。如果是配方奶喂养的宝宝，每天至少保证 500 毫升的配方奶。总之，保证奶的摄入量，是宝宝营养充足的基础。

添加辅食时机一刀切

很多妈妈都知道，宝宝满 6 个月需要添加辅食。于是满 6 个月后，不管宝宝是否发出向往辅食的信号，都添加辅食，这种做法是不对的。满 6 个月给宝宝添加辅食效果最佳，但前提是宝宝已经发出想要尝试辅食的信号。此外，每个宝宝的成长水平不一样，一刀切添加辅食不利于宝宝健康。宝宝没有做好准备就强加辅食，可能导致宝宝产生厌食的情况。

喂养经验分享

有些妈妈看到别的同龄宝宝加辅食了或已经开始吃某种自家宝宝没吃的食材了，就认为自己宝宝落后了，甚至直接给自己的宝宝添加这种食材，也不管宝宝是否接受，这种做法也是不对的。如果妈妈执意要给宝宝试一试，但宝宝并不接受，就一定马上停止，因为宝宝还没做好准备，妈妈坚持的话会导致宝宝讨厌辅食。

母乳不足提前添加辅食

有些妈妈没有接到宝宝向往辅食的信号，觉得母乳不够吃了，宝宝又抵触配方奶，也认识到辅食真的很重要，在 6 个月以前就提前给宝宝添加辅食。这种做法是不对的。因为过早添加辅食会增加宝宝消化不良的风险。6 个月前宝宝的消化器官发育不完善，消化腺不发达，分泌功能差，很多消化酶尚未形成，还不具备消化辅食的能力。这时候给宝宝添加辅食往往导致消化不良而使“食物”滞留在腹中“发酵”，引起宝宝腹胀、便秘、厌食等，还可能因为肠胃蠕动加快，增加大便的量和次数。所以即便母乳不足也不应没有缘由地提前添加辅食。

正确的做法是，努力催奶，尽量纯母乳喂养，真是母乳不足了，一定要加配方奶。如果宝宝不接受配方奶，可以尝试先喂配方奶再喂母乳，等孩子接受配方奶了就将顺序倒过来。等宝宝发出想尝试辅食的信号后再添加辅食。

因母乳充足延后添加辅食

一些妈妈感觉自己母乳充足，宝宝满 6 个月，已经发出了想尝试辅食的信号，也不及时给宝宝添加辅食。这种做法也不对。因为过了 6 个月，母乳或配方奶的营养已经不能满足宝宝产生长发育需要，且宝宝的消化器官逐渐健全，味觉器官也发育了，已经具备尝试辅食的条件。这时候是宝宝咀嚼、吞咽功能及味觉发育的关键时期，如果延后添加辅食，会降低宝宝咀嚼功能发育及增加出现食物过敏的风险。

此外，宝宝从母体中获得的免疫抗体已基本消耗殆尽，自身的抵抗力需要通过含维生素 A、维生素 C 的辅食来获取。若不及时添加辅食，不仅会影响宝宝生长发育，还会因宝宝抵抗力弱容易生病。此时宝宝最容易缺的是铁，所以应首先添加富含铁的辅食。

宝宝辅食吃得好，就不用吃奶了

这样做是不科学的。因为宝宝添加辅食是一个循序渐进的过程，开始进食的量是很少的，虽然吃得很好，但也不能满足宝宝身体发育需求，所以维持一定的奶量是必须的。此外，千万不要吃奶后立即给宝宝添加辅食，这样会降低宝宝对辅食的兴趣。

添加辅食初期，主动减少奶量

对于 1 岁以前的宝宝，奶类是主要营养来源，辅食是添加在奶类之外的，不能用来替换奶。所以添加辅食之后不能为了让宝宝更快接受辅食而主动减少奶量，尤其是添加辅食的初期，不能将喂养重点放在辅食上。

宝宝不满 1 岁，因为辅食的营养、能量远不如母乳及配方奶，且宝宝的消化能力和进食能力都不足以从辅食中获得足够的营养。如果因摄入过多的辅食而减少奶量，宝宝容易缺乏营养，甚至出现生长发缓慢的问题。

对于母乳喂养的宝宝，应坚持母乳喂养。在此基础上适时适当添加辅食，保证宝宝的营养需求。如果母乳不足或必须断母乳，那么就要在给予足量配方奶的基础上添加辅食，保证宝宝有足够奶摄入。

对于喝配方奶的宝宝，继续之前的配方奶量。如果宝宝喜欢吃辅食，而不喜欢喝配方奶，要先保证奶量再喂辅食。

辅食制作重点

对常见辅食食材的处理方法了如指掌

制作辅食当然要处理食材，下面介绍一些制作辅食过程中常用食材的处理方法，这些处理方法都是针对刚添加辅食不久的小宝宝。

蔬菜类：胡萝卜、南瓜、番茄

蔬菜通常也是做辅食最早选用的食材。下面以胡萝卜、南瓜、番茄为例简单介绍一下蔬菜在下锅前的常用处理方法。

胡萝卜的处理方法

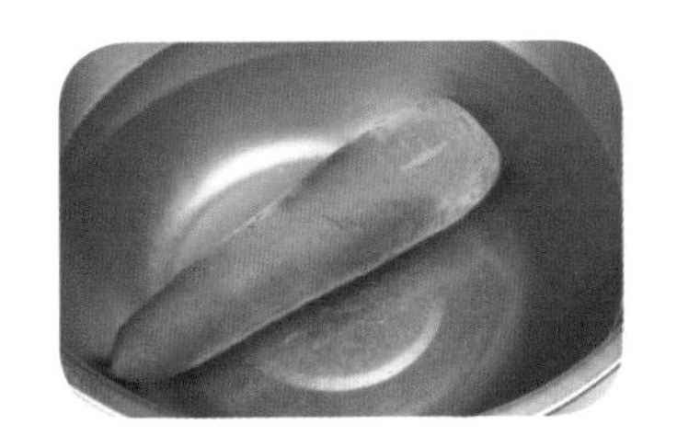

1 将胡萝卜在水盐比例为5：1的盐水中浸泡几分钟。

2 再用流水冲洗干净。

3 胡萝卜切成小丁。

南瓜的处理方法

1 用刀沿着南瓜身上的条纹切成大块。

2 将切下来的南瓜块皮朝下，用勺子清除瓜子和瓜瓤。

3 然后去皮。

4 将去皮和子的南瓜块切碎即可。

番茄的处理方法

1 番茄放入水中浸泡，然后洗净。

2 在番茄顶部用刀划出十字开口，放入沸水中焯烫一下。

3 剥掉番茄皮，去掉番茄蒂。

4 将番茄切成4等份后去子，再切成块状。

菌菇类：香菇

给宝宝吃菌类食物，要清洗干净。值得注意的是，不宜过早给宝宝添加菌菇类食品，建议 8 个月以后添加。下面是以香菇为例说明菌菇类食品下锅前需要做哪些处理。

香菇的处理方法

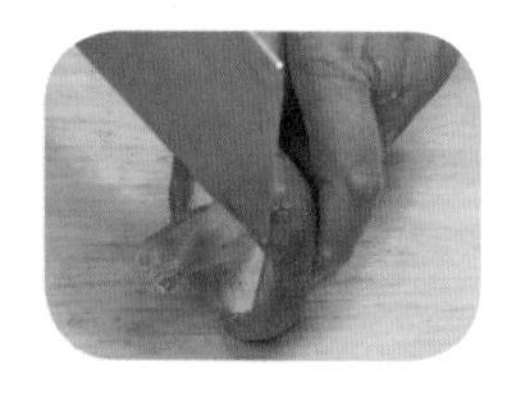

1 去掉香菇蒂部。

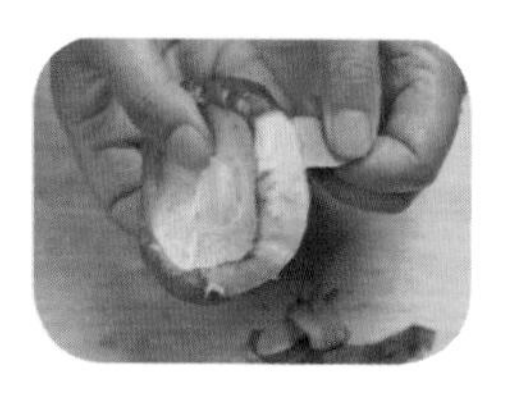

2 伞盖部分去皮。

3 把去蒂的一面向下，切成片。

4 将片切碎即可。

水果类：苹果、哈密瓜

大多数宝宝都喜欢水果，但现在水果一般都会喷洒农药，所以处理前最好去掉外皮。下面以苹果、哈密瓜为例简单介绍一下处理方法。

1 将苹果用流水冲洗干净。

2 去掉果皮和果核，切成块。

3 用料理机打成果泥。

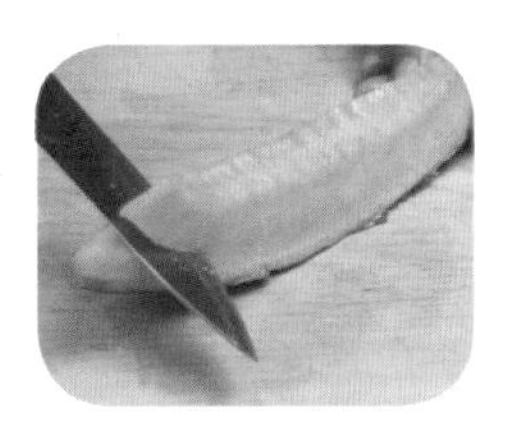

1 哈密瓜用流动水冲净一下。

2 将瓜竖着分成8等份。

3 用勺子去子。

4 用刀将距离瓜皮1厘米左右的坚硬部分切掉，留下最好的果肉部分。用勺子轻轻刮成泥状或用刀切成小片。

肉类：牛肉

肉类虽然营养丰富，但不容易消化，可以先剁成肉馅再进行处理，这样既保留肉的香味又有利于宝宝消化。下面以牛肉为例说明一下肉类在下锅前的处理方法。

牛肉的处理方法

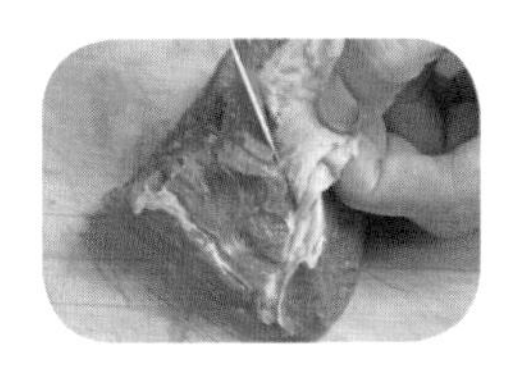

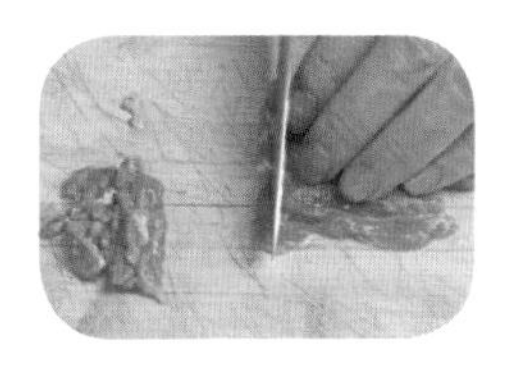

1 先剔除筋膜和脂肪。

2 放在冷水中浸泡20分钟，去除血水。

3 顺着肉的纹理切片。

4 然后切成丝，再切成丁，最后剁成肉馅。

水产类：鱼

海鲜营养丰富，味道鲜美，但做水产品一定要处理干净。下面以鱼为例说明一下水产品的处理方法。

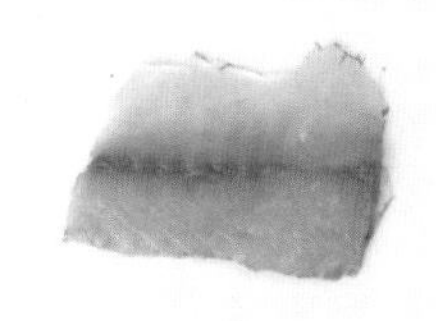
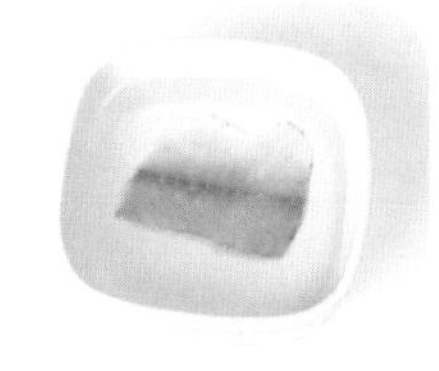

1 将鱼的鳞、鳃、内脏去掉，洗净，再切成大小适宜的块。

2 选择肉多的块放入盐水中冲洗干净。

3 再用柠檬片或洋葱汁去腥。

4 放入水中煮熟后捞出，剔除鱼刺和鱼皮，将剩下的鱼肉用搅拌机打成泥即可。

用省时、省力工具制作辅食

给宝宝做辅食是爸爸妈妈的必备技能之一，面对繁忙的工作和繁琐的生活，一个给力的工具能事半功倍。下面给大家介绍几款制作宝宝辅食的实用工具。

婴儿辅食机

婴儿辅食机是集蒸打于一体的机器，用起来非常方便。

搅拌机

搅拌机是制作宝宝辅食的必备工具，能将蒸煮后的蔬菜、水果和肉类打成泥，还能榨蔬果汁等。

蔬果切割器

简易的蔬果切割器能轻松地将水果切割成小块，以方便宝宝进食。

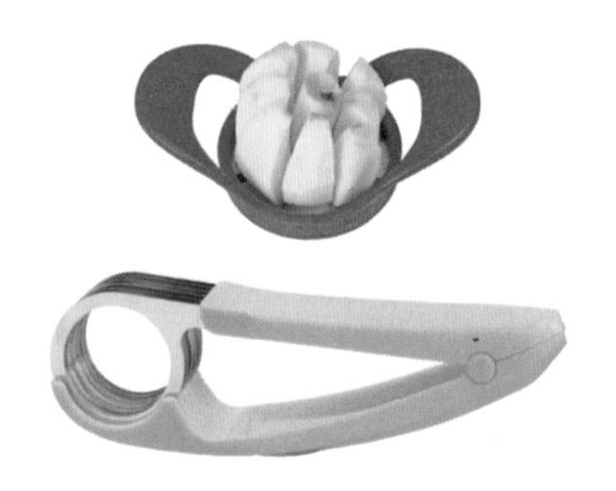

婴儿研磨器

婴儿研磨器是一套集碾压、研磨、过筛、榨汁为一体的手工工具。由于是手动捣碎，细腻程度可能不符合刚开始添加辅食的宝宝，但用于制作7~10个月宝宝辅食，非常方便、实用。

辅食研磨碗

辅食研磨碗是专门捣泥的套装，比较适合于做土豆泥、红薯泥等。可以先把这些容易捣成泥的食材蒸或煮软，然后去皮切小块，放在研磨碗中，配备的专门网口捣锤和碗底条纹相互摩擦，爸爸妈妈在捣泥时更省力。

辅食剪

随时切割宝宝的辅食，方便实用。

电蒸锅

做宝宝辅食时，通常需要蒸，还有些辅食需要加热（冷冻或冷藏的辅食），如果没有辅食机，可以选用电蒸锅。只要倒水进去，设定时间就可以了。等宝宝大点，还可以用来做蛋羹、煮鸡蛋、热米饭、蒸面食等。如果没有电蒸锅，也可以选择普通蒸锅。

辅食专用冷冻盒

爸爸妈妈可以一次多准备些肉、蔬菜，冻入专门的辅食专用冷冻盒，方便又省时。此外，平时煮的猪肉汤或鱼汤也可以冻起来，做米糊时放一些高汤，味道和营养更好。

料理棒

如果你家有电蒸锅，又不想买辅食机，买一个料理棒用来制作辅食是不错的选择。把蔬菜、水果、肉类蒸熟后，用料理棒搅拌会很细腻。而且料理棒小巧，易于清洗，用起来非常方便。

分蛋器

宝宝刚开始食用鸡蛋时，只能吃蛋黄，不能吃蛋清，这时有一个分蛋器就轻松多了。

饭团模具

饭团模具是爸爸妈妈制作饭团的小神器，既可以避免米饭黏在一起，还能制成宝宝喜爱的饭团造型。

压花器

各种图案的压花器能帮助爸爸妈妈快速制作出各种可爱图案来装饰便当或饭团。这样有利于促进宝宝进食。

辅食现做现吃

尽可能给宝宝吃现做的辅食，尤其是在夏季，食物易滋生细菌，在室温下摆放 2 小时，细菌就会大量繁殖。宝宝吃了变质的食物必然影响肠胃功能。

学会制作手指食物

给宝宝提供什么样的手指食物要看其消化能力、抓握能力和咀嚼吞咽能力发育情况。一般来说，宝宝添加手指食物要经历三个阶段。

第一阶段：长条形方便抓的软烂食物（8~9 个月宝宝）

一开始给宝宝的手指食物要么会融化在宝宝的嘴里，要么是非常软的食物，如熟透的香蕉、成熟的牛油果、蒸熟的红薯等。一般来说，宝宝开始是用手掌把食物抓起来，然后将整颗食物往嘴里塞，所以可以将食物切成长条形，方便宝宝抓握，建议 5 厘米长短合适。但爸爸妈妈不能“一刀切”，还是要根据宝宝的情况灵活掌握。蒸胡萝卜、蒸南瓜等都是这一阶段非常好的手指食物。

第二阶段：小颗粒手抓食物，更有嚼劲的食物（10~11 个月宝宝）

当宝宝学会用大拇指和食指抓食物后，可以把手指食物切成小块，建议 1 厘米见方，方便宝宝抓握。这时宝宝可以吃些需要咀嚼的食物，如白水煮的鸡胸肉、桃子等。

第三阶段：完全独立的小吃货（12 个月宝宝）

当宝宝能精准抓握，顺利将小食物、比较滑的食物送进嘴巴，吞咽、咀嚼能力越来越强时，可以尝试让宝宝自己进食常见的手抓食物，如黄瓜条、苹果片等。

婴儿辅食单独做

对于 1 岁内宝宝辅食，最好单独做，不需添加调料。一定要避免大人宝宝饭菜一锅出的烹调方法。

掌握自制各种宝宝辅食底汤

素高汤

材料　黄豆芽200克，胡萝卜1根，鲜香菇10朵（建议宝宝8个月以后食用），鲜竹笋300克。

做法

1. 将黄豆芽择洗干净；将胡萝卜、鲜竹笋择洗干净，切块；将鲜香菇择洗干净，去蒂，切块。
2. 将黄豆芽、胡萝卜块、香菇块、鲜竹笋块放入砂锅中，加2000毫升清水，大火煮开，转小火再煮30分钟。
3. 汤煮好后，捞起汤料，将清汤自然凉凉，然后装进保鲜盒（每个保鲜盒放一次用量），放冰箱冷冻。一次不用煮太多。

猪棒骨高汤

材料　猪棒骨2根。

做法

1. 将猪棒骨清洗干净，再用沸水汆烫去血水，捞出，冲洗掉表面的血沫子，放入锅中，加入1500毫升清水煮开，转至小火煮。
2. 边煮边撇净表面浮沫，用小火再煮2小时，捞出猪棒骨，取汤汁。
3. 汤汁凉凉后放入冰箱冷藏1～2小时，待表面油脂凝固后取出，刮去表面油脂。装入保鲜袋（每袋装一次用量）中，系好袋口，放入冰箱冷冻即可。

鸡汤

材料　鸡骨架 1 副。

做法

1. 将鸡骨架收拾干净，再用沸水烫去血水后，捞出，冲洗掉表面的血沫子，放入锅中，加入 2000 毫升清水煮开，转至小火煮。
2. 边煮边撇净表面浮沫，用小火煮 30~40 分钟，捞出鸡骨架，取汤汁，凉凉。
3. 汤汁凉凉后装入保鲜盒（每盒装一次用量）中，放入冰箱冷冻即可。

鱼汤

材料　鲢鱼头 1 个。

调料　葱段、姜片各适量。

做法

1. 将鲢鱼头收拾干净，然后洗净、剖开，沥干水分。
2. 锅置火上，倒入适量油烧热，放入鱼头两面煎至微黄，盛出。
3. 将煎好的鱼头放入砂锅中，加 2000 毫升温水、葱段、姜片，大火煮开，转小火煮至汤色变白、鱼头松散，熄火，凉凉。
4. 将汤过滤后，装入保鲜盒（每盒装一次用量）中，放入冰箱冷冻即可。

学会自己做天然调味料

给 1 岁以内宝宝制作辅食不放任何调料，妈妈总觉得少了点儿鲜味儿，但放了调料又怕伤害宝宝。将晾至干硬的食材磨成粉，加入辅食中当作调料来调味，不但能使辅食的味道更好，而且能为宝宝补充营养。

香菇粉

取 500 克鲜香菇去蒂，冲洗干净（逆着香菇盖子下面褶皱的方向搓动），晾晒至干透，放入搅拌机的干磨杯中磨成粉，放入密封瓶中保存即可。

海带粉

用 150 克海带，擦净上面的污渍，放入烤箱中烤脆，然后放入搅拌机的干磨杯中磨成粉，放入密封瓶中保存即可。

山药粉

取 150 克山药，去皮，切片，晾干，用烤箱烤一下，然后磨成粉，放入密封瓶中保存即可。

海苔粉

取 100 克海苔片，用剪刀剪成小块儿，放入搅拌机的干磨杯中磨成粉，放入密封瓶中保存即可。

洋葱粉

取 100 克洋葱，去外皮，洗净，切成 1 厘米见方的小丁，放入烤箱中烤 15 分钟左右，放入搅拌机的干磨杯中磨成粉，放入密封瓶中保存即可。

小鱼粉

取鲜小银鱼去掉头和内脏，冲洗干净，沥干水分，放微波炉中进行干燥至干透，放入搅拌机的干磨杯中磨成粉，放入密封瓶中保存即可。

虾粉

虾皮用水浸泡去咸味，捞出后把水挤干，放入炒锅中小火翻炒至虾皮完全失水、颜色微黄，放入搅拌机的干磨杯中磨成粉，放入密封瓶中保存即可。

芝麻粉

适量的黑芝麻放入不加油的锅里炒熟，放入搅拌机的干磨杯中磨成粉，放入密封瓶中保存即可。

喂养经验分享

做好的调料粉要放在干燥的环境内保存，千万不要进水或受潮，否则会成团，用起来不方便。另外，海苔、虾皮等含盐量较高，不宜给 1 岁以内的宝宝食用，1 ～ 3 岁宝宝也要少食。

宝宝辅食过碎

多数爸爸妈妈在做辅食时都遵循细、碎、软、烂等准则，在他们看来，只有这样才能保证宝宝不被卡到，吸收好。宝宝刚接触辅食时这样做是完全没问题的，但随月龄的增长，辅食的性状也要发生改变。而且总给宝宝吃那么细软的辅食，不利于促进咀嚼能力和颌面部的发育。

6个月宝宝吃泥糊状辅食

锻炼宝宝的吞咽和舌头前后移动的能力。适合吃的辅食包括含铁米粉、面糊、南瓜米糊、红薯米糊等。

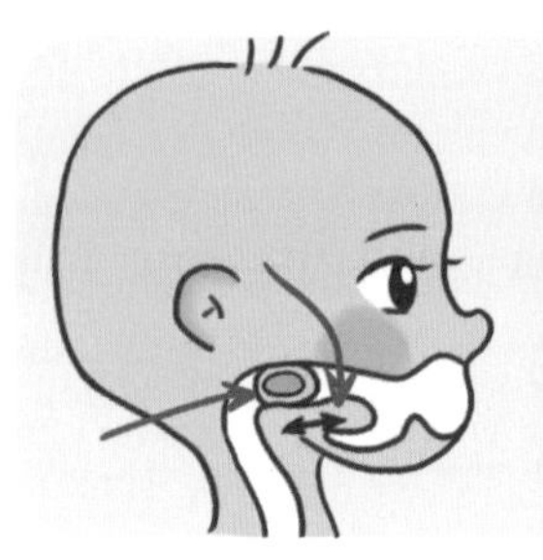

舌头前后运动。

闭上嘴以后嘴角不动。

将食物送到咽喉处咽下。

7～8个月宝宝吃碎末状辅食

锻炼宝宝舌头上下活动的能力。适合吃的辅食包括豆腐羹、瘦肉泥等。

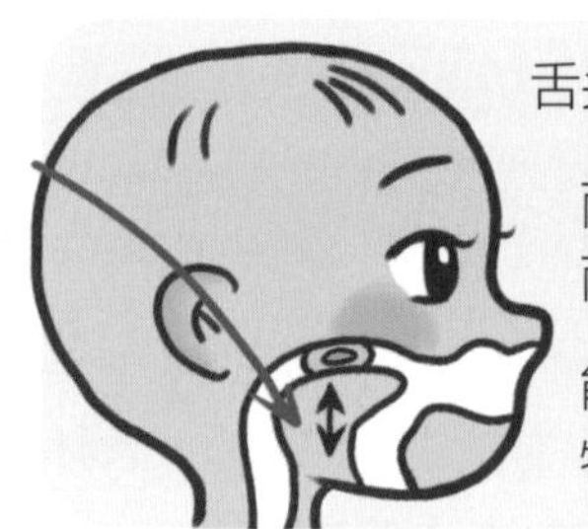

舌头能够上下运动。

两个嘴角可以向两侧伸展。

能够用舌头将食物在上腭处碾碎。

9～10个月宝宝可吃稀粥、烂面条等

锻炼宝宝舌头和上颚碾碎食物的能力。适合吃的辅食包括南瓜胡萝卜粥、茄子肉丁面（软烂）等。

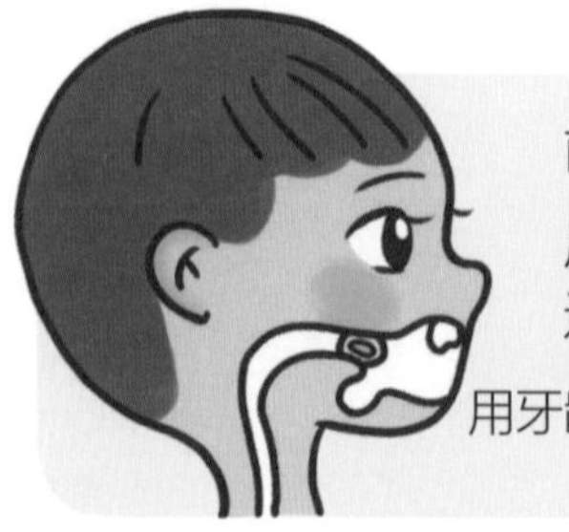

前牙咬断。

用舌头将食物运到口腔深处。

用牙龈将食物磨碎。

11～12个月宝宝可吃软米饭、软饼等

练习舌头左右活动、咀嚼食物的能力。适合吃的辅食包括软米饭、胡萝卜鸡蛋饼等。

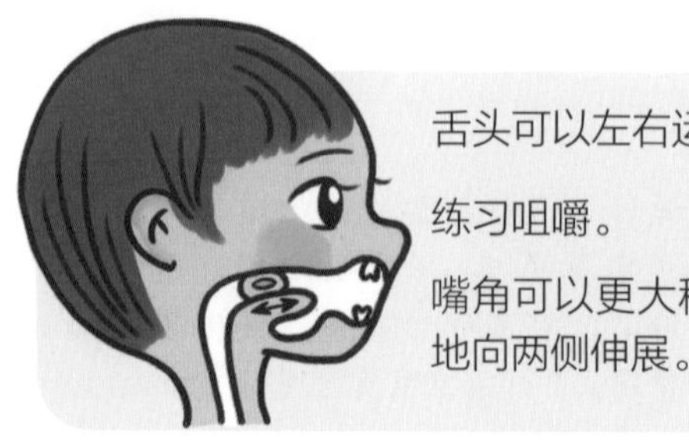

舌头可以左右运动。

练习咀嚼。

嘴角可以更大程度地向两侧伸展。

辅食不能放油

添加辅食以前，宝宝全部的营养来源都是母乳或配方奶，所以此时不需要食用油。到了6个月开始添加辅食并逐渐适应以后，可以适当添加植物油。油脂中的脂肪酸对宝宝来说是必需的营养物质，与生长发育和成长健康密切相关。必需脂肪酸与智力发育、记忆等生理功能有一定关系。

宝宝每天要吃多少油

中国营养学会妇女分会推荐宝宝每天摄入食用油的量参见下表。

6～12个月宝宝	1～3岁宝宝
5～10克	20～25克

当然在日常生活中，父母们没必要这么吹毛求疵，毕竟宝宝每天会通过其他食物获得一些脂肪。这里建议，刚开始添加辅食，滴2～3滴油基本就够了；而如果辅食中有蛋黄或肉类，就要适当控制食用油的摄入量。

宝宝吃油的方式有讲究

6个月～1岁

在为宝宝制作辅食时加一点油。比如在做各种粥、糊糊或面条时，最后滴入2~3滴就可以了。

1～3岁

适度放油，给宝宝炒菜时放油量比大人的少一些。

3～6岁

此时的宝宝饮食已经和成人没什么大差别了，爸妈要注意从现在开始培养宝宝的健康饮食观念，少吃油炸食品。

经常给宝宝换油吃

因为每种油所含的脂肪酸都不同，其营养特点也不同，也就是说各有各的优点，所以，吃油的正确方式是要多种植物油经常更换着吃。大人吃油也是同样的道理，要让家里的烹调油多样化。

比如，按照脂肪酸构成不同的品种来换油吃，将花生油和葵花籽油交换、亚麻子油和橄榄油交换。

植物油	油脂归类	适合烹调方法
大豆油	ω-6 多不饱和脂肪酸的含量较多	煮、炖、轻炒
葵花籽油	ω-6 多不饱和脂肪酸的含量较多	炒、煎、煮、炖
玉米油	ω-6 多不饱和脂肪酸的含量较多	炒、煮、炖
花生油	各类脂肪酸较为均衡	炒、煎、煮、炖
香油	各类脂肪酸较为均衡	凉拌、煮
橄榄油	单不饱和脂肪酸较多	凉拌、轻炒、煮、炖
亚麻子油	ω-3 多不饱和脂肪酸的含量较多	凉拌、蒸
核桃油	ω-6 多不饱和脂肪酸的含量较多	凉拌、轻炒

PART

分阶段辅食喂养指导，精心呵护宝宝的健康

6 个月宝宝：添加吞咽型辅食

6 个月宝宝的身高、体重参考标准

	6 个月宝宝的情况	
	男宝宝	女宝宝
身高正常范围（厘米）	66.0~70.8	64.5~69.1
体重正常范围（千克）	7.5~9.4	7.0~8.7

以上数据均来源于原国家卫生部 2009 年公布的《中国 7 岁以下儿童生长发育参照标准》。

6 个月宝宝的变化有哪些

生疏感开始萌生了

宝宝这时候看到爸爸妈妈会开心地笑；看到陌生人，尤其是男性，会把头藏到妈妈怀里。陌生人不再容易把宝宝从妈妈怀里抱走了，但是如果用吃的、玩具等引逗宝宝，宝宝会高兴，并让抱。这时候已经能看出性格差异了，有的不愿让陌生人抱，有的却对着陌生人笑，并很快和陌生人熟悉起来。

用嘴啃小脚丫

宝宝不喜欢躺着了，开始尝试坐起来，有些宝宝 6 个月已经会坐了。变得喜欢热闹了，越是到人多的地方越高兴。6 个月大还喜欢用嘴啃脚丫，随时都会用手抱着脚丫放到嘴里，躺着时也愿意抱着脚丫啃。

吃奶时对外界声响特别敏感

如果吃奶时外界有声响，宝宝会因为好奇而把头转过去看。这是对外界反应能力增强的表现。虽然有时候这让妈妈很烦，但不得不恭喜妈妈，宝宝又进步了。这时候，妈妈要在安静的环境下喂奶，培养宝宝认真吃奶的好习惯。

辅食喂养指导

满足 6 个月宝宝的营养需求

从第 6 个月开始，宝宝胃肠道等消化器官已相对发育完善，可以消化乳类以外的多样化食物。而且母乳已不能满足宝宝对铁的需求，这时候要通过辅食补充营养素，特别是铁。所以，满 6 个月的宝宝应该添加各种泥糊状的辅食，如婴儿米粉、菜泥、果泥等。

宝宝的辅食由少到多

刚开始添加辅食应当少吃一点，尝试辅食的阶段，1 勺、2 勺都没有太大问题，如果宝宝每次都能将辅食吃完，且没有呕吐、腹泻等不适表现，就可逐渐增加辅食量。

此后，在辅食能够单独作为一顿加餐时，到底给多少合适，要观察宝宝的接受度，看他进食是否顺利，进食后是否有满足感，大便是否正常，发育指标是否正常，等等。

吃多少应由宝宝做主

让宝宝每餐辅食吃同样的量，这是很难做到的，这顿吃得多，下顿吃得少，没有定量。吃多少辅食应由宝宝决定，要相信他是自己知道饿或饱的。

其实，相对于食量，定时吃辅食更重要。建议父母在固定时间喂辅食，且在一定时间内吃完，一般认为 20 分钟喂完比较合适，最多不能超过 30 分钟。即使吃得比较少也不要继续喂了，避免宝宝养成不良的进食习惯。

含铁婴儿米粉是首选辅食

虽然母乳中有丰富的营养能够满足婴幼儿早期的营养需求，但母乳中含铁量很低。满 6 个月后，宝宝从母体内获取的铁已经几乎消耗殆尽，必须通过含铁饮食来预防贫血。

此外，满 6 个月时，消化系统及各器官的协调性已发育相对成熟，能够接受辅食。而婴儿米粉是不容易致敏的食物。综上所述，宝宝的第一口辅食首选含铁婴儿米粉，既不容易过敏，还补充铁。

喂养经验分享

初期添加辅食，添加米粉不要一次给太多，比如，第一次加 1 勺，吃完后宝宝还想吃，可以加点，如果宝宝不想吃了，一定不要硬塞。有些妈妈愿意让宝宝边玩边吃辅食，觉得这样宝宝吃得多，但这样很容易吃得过饱，反而加重胃肠负担，还不利于宝宝养成良好的进食习惯。

米粉在两顿奶之间添加

宝宝辅食添加初期，如何给宝宝喂米粉也是有讲究的。

两顿奶之间添加，开始可以每天先加 1 次。

每次一勺（奶粉罐内的小勺）米粉，用温水调和成糊状。

喂米粉开始要用颜色鲜艳的勺子和碗，既可以锻炼宝宝的卷舌、吞咽能力，还有利于提升宝宝吃辅食兴趣。

喂时，父母用热切的眼神鼓励宝宝，让他愉快地进餐。

父母必须记住，米粉不要冲调得太稀，以呈炼乳状流下为佳。

宝宝耐受这个量后，可逐渐增加米粉的量。宝宝大约能够耐受米粉 2 周后，再加上少许菜泥。逐渐由每天一顿辅食增加到上下午各一顿辅食。

购买不加糖的婴儿米粉

市场上很多米粉都添加了蔗糖，这种米粉很受宝宝的欢迎，但 1 岁以内的宝宝尽量进食原味米粉。因为宝宝天生偏好甜味，一旦吃到甜味食品，就会导致宝宝不愿意接受没有味道的食物，甚至出现母乳喂养或配方奶喂养受阻的情况。

市场上也有很多米粉是添加了各类食物，如蔬菜等。初次选择米粉，最好还是原味米粉。因为宝宝接受辅食是一个尝试过程，可能对某些食物过敏，尤其本身就是过敏体质的宝宝。

等适应了原味米粉后，再吃添加了蔬菜、肉类等附加食材的米粉。这样有利于健康成长。

了解选购婴儿米粉的注意事项

婴儿米粉是宝宝的首选辅食，妈妈一定要为宝宝选择合适的米粉。那么选购婴儿米粉需要注意什么呢?

看品牌

应该尽量选择规模较大，产品质量和服务质量都好的企业的产品。因为这些企业技术力量雄厚，产品配方设计较为科学、合理，对原材料和生产工艺要求比较高，产品质量有一定的保证。

标签是否完整

国家相关标准规定，在外包装上必须标明厂名、厂址、生产日期、保质期、执行标准、商标、净含量、配料表、营养成分表及食用方法等项目。若缺少上述任何一项，都不符合国标要求，最好不要购买。

营养元素是否全面

看外包装上的营养成分表中营养成分是否全面，含量比例是否合理。营养成分表中除了标明热量及蛋白质、脂肪、碳水化合物等基本营养成分含量外，还会标注一些钙、铁、维生素 D 等营养成分含量。

看成分含量表

了解是断奶期辅助类米粉，还是断奶期补充类米粉。前者在提供一定热量的同时，还加入了蛋白质、矿物质、维生素、脂肪；后者蛋白质、脂肪含量较低，除几种维生素和矿物质，还加入了蔬果和膳食纤维等。

看米粉的结构

要选择颗粒精细的婴儿米粉，容易被宝宝消化吸收。此外，粉状和无块状的米粉被认为组织结构比较好，好冲调。

看色泽和气味

质量好的婴儿米粉应该是白色、颗粒或粉末均匀一致，有米粉的香气。

掌握让宝宝爱上辅食的方法

有些宝宝不太喜欢辅食，父母可以尝试下面的方法让宝宝爱上辅食。

保证在愉快的环境进餐

宝宝吃饭时要保持环境愉悦，不批评宝宝，也不催促宝宝，这样有利于增强食欲。

准备一套合适的儿童餐具

大碗盛辅食会让宝宝产生压迫感而影响食欲；尖锐易破的餐具也不宜给宝宝使用，以免发生意外。父母可以给宝宝选择有可爱图案、颜色鲜艳的碗和勺，有利于增强食欲。

进餐量由宝宝做主

因为每个宝宝发育情况不同，进食量有差别，不能老是拿别家宝宝与自家宝宝的进食量进行比较。此外，要纠正强迫喂养方法，因为这样会降低食欲，导致宝宝出现厌食的情况。

饭前 10 分钟为进餐做准备

宝宝玩在兴头上突然被打断了，会反抗和拒绝。父母在给宝宝喂辅食前告诉他：“宝宝，再有 10 分钟就要洗手吃饭了。”宝宝就会慢慢明白这是什么意思，并有所准备。时间久了，就形成习惯。

合理安排进餐时间

父母要合理安排宝宝每天的进餐次数、时间、进餐量，帮他养成规律的进餐习惯。到了吃辅食的时间，就让宝宝进食，但不强迫，顺其自然。吃得好给予表扬很重要。

父母要以身作则

父母要做到按时吃饭，不挑食，避免不好的习惯影响宝宝。此外，做得色香味俱佳的辅食更有吸引力。

添加辅食要时刻关注宝宝的大便

父母如何掌握宝宝辅食的量和种类情况是否需要调整呢？最直接的方法是观察宝宝的大便。

正常大便

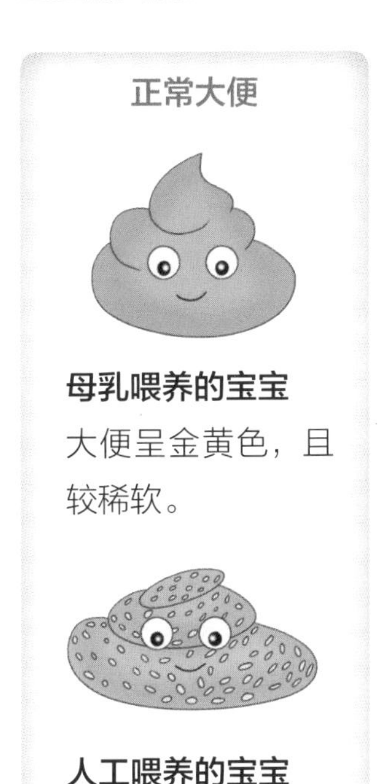

母乳喂养的宝宝

大便呈金黄色，且较稀软。

人工喂养的宝宝

大便呈浅黄色，有些发干。

非正常大便

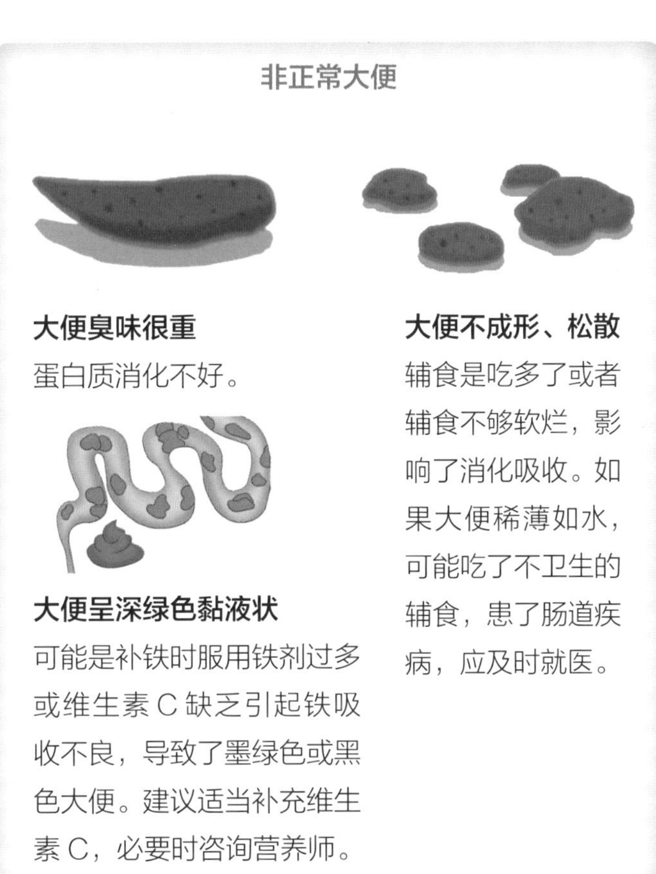

大便臭味很重

蛋白质消化不好。

大便呈深绿色黏液状

可能是补铁时服用铁剂过多或维生素C缺乏引起铁吸收不良，导致了墨绿色或黑色大便。建议适当补充维生素C，必要时咨询营养师。

大便不成形、松散

辅食是吃多了或者辅食不够软烂，影响了消化吸收。如果大便稀薄如水，可能吃了不卫生的辅食，患了肠道疾病，应及时就医。

长期让宝宝吃婴儿米粉

有些父母看到宝宝喜欢吃婴儿米粉，就一直让宝宝吃婴儿米粉，而没有逐渐添加末状、碎状、软烂食物，这样做不利于宝宝发育。因为如果宝宝一直吃婴儿米粉不利于对咀嚼肌的锻炼，还容易出现偏食。此外，由于咀嚼不够，还会影响牙齿发育，甚至导致语言发展滞后。所以，为了宝宝的健康，不宜长期吃婴儿米粉。随着宝宝成长，要相应改变辅食的硬度，并保证在宝宝不过敏情况下辅食多样性。

宝宝辅食推荐

婴儿米粉 补铁、满足成长所需

材料　含铁婴儿米粉 25 克。

做法

1. 用米粉勺舀 25 克含铁婴儿米粉放入碗中。
2. 将 60℃左右的 100 毫升温水倒入碗中，然后搅拌成糊状，放温即可。

功效　婴儿米粉富含蛋白质、脂肪、膳食纤维、DHA、钙、铁等多种营养元素，是对母乳或配方奶的营养补充。

爱心提醒

因为米粉不同于奶粉，只要宝宝能接受，不发生过敏，可以在添加米粉后加面类辅食，以防日后麦胶蛋白过敏。

胡萝卜米粉 保护眼睛

材料　含铁米粉 25 克，胡萝卜 20 克。

做法

1. 胡萝卜洗净，去皮切块，放入蒸锅中蒸熟，然后放入辅食料理机中打成泥。
2. 将米粉放入碗中，冲水，搅拌成糊状。
3. 把胡萝卜泥用少量温水搅匀，稍稍凉凉，与米粉糊混合。

功效　补铁，预防贫血；补充胡萝卜素，保护眼睛。

苹果米粉 **健脑益智**

材料 含铁米粉25克，苹果30克。

做法

1. 苹果洗净，去皮，去核，切块，放入蒸锅中蒸熟，然后放入搅拌机中，加适量温水打成泥，用过滤筛去渣。
2. 将米粉放入碗中，冲水，搅拌成糊状。
3. 把苹果泥用少量温水搅匀，稍稍凉凉，与米粉糊混合。

功效 苹果中含有葡萄糖、钙、磷和黄酮类物质，有利于壮骨和健脑。

米糊 **健脾养胃**

材料 大米20克。

做法

1. 大米洗净，用温水浸泡2小时，捞出沥干水分倒入搅拌机，加少许水打成米浆。
2. 将米浆过筛倒入小锅，加8倍米量的清水，小火加热，期间用勺子不断搅拌，以防止煳锅，米浆沸腾后再煮2分钟即可。

功效 大米性平，味甘，具有补中益气、健脾养胃的作用。

爱心提醒

打好的米浆一定要过筛，这样才能将没有打碎的颗粒过滤掉。也可直接用豆浆机米糊功能制作。

南瓜米糊 **补充胡萝卜素**

材料 大米 20 克，南瓜 40 克。

做法

1. 大米洗净，用温水浸泡 30 分钟，捞出沥干水分倒入搅拌机，加少许水打成米浆，然后过筛；南瓜去皮和瓤，洗净，放入蒸锅中充分蒸熟，然后放入碗中，用婴儿研磨器捣成泥状。
2. 把米浆和适量水放入锅中煮沸，再放入南瓜泥搅匀，煮沸。

双米糊 **健脾养胃**

材料 大米 30 克，糯米 60 克。

做法

1. 大米、糯米分别淘洗干净，大米浸泡 30 分钟，糯米浸泡 2 小时。
2. 将大米、糯米倒入全自动豆浆机中，加水至上、下水位线之间，按下豆浆机“米糊”键，做好，取适量给宝宝吃即可。

功效 健脾养胃，止泻。

爱心提醒

小儿消化功能较弱，吞咽反射尚未发育完善，因此建议少量喂食。

红薯米糊 预防便秘

材料 大米 20 克，红薯 30 克。

做法

1. 大米洗净，浸泡 30 分钟，沥干，放入辅食研磨碗中磨碎。
2. 将红薯洗净，蒸熟，然后去皮捣碎。
3. 把磨碎的大米和适量水倒入锅中，用大火煮开后，放入红薯碎，调小火充分煮开。
4. 用过滤网过滤，取汤糊即可。

功效 红薯中所含的可溶性膳食纤维有助于促进肠道益生菌的繁殖，能防止宝宝便秘。

圆白菜米糊 增进食欲

材料 大米 20 克，圆白菜 25 克。

做法

1. 大米洗净，浸泡 30 分钟，放入辅食研磨碗中磨碎；圆白菜洗净，放入沸水中充分煮熟后，用刀切碎。
2. 将磨碎的大米倒入锅中，加适量水大火煮开，放入圆白菜碎，煮开后调成小火煮稠。
3. 用勺子捣碎成糊状即可。

功效 宝宝多吃圆白菜有助于增强食欲，帮助消化，有利于补充更多、更全面的营养。

土豆米糊 促进成长

材料 大米 30 克，土豆 20 克。

做法

1. 大米清水洗净，用水浸泡 30 分钟，沥干水分；带皮土豆洗净，上锅蒸熟后去皮，切块。
2. 将洗净大米、熟土豆块和适量水放入搅拌机中，打至细腻浆状。
3. 将浆倒入锅中煮沸即可。

功效 土豆营养丰富，有助于促进宝宝成长。

爱心提醒

应选择外皮完整无损的土豆，不能使用发芽或变绿的土豆。

雪梨藕粉糊 补充营养、助消化

材料 雪梨 25 克，藕粉 30 克。

做法

1. 藕粉用水调匀；雪梨去皮、去核，剁成泥。
2. 将藕粉倒入锅中，用小火慢慢熬煮，边熬边搅动，直到透明为止，再将梨泥倒入搅匀即可。

功效 雪梨和藕粉都含有丰富的碳水化合物、多种维生素等，能促进宝宝食欲，帮助消化。

大米汤 助消化、健脾止泻

材料 精选大米 100 克。

做法

1. 大米淘洗干净，浸泡 30 分钟，加水大火煮开，转为小火慢慢熬成粥。
2. 粥好后，放置几分钟，用勺子舀取上面不含饭粒的米汤，放温即可喂食。

功效 大米富含淀粉、维生素 B_1、矿物质、蛋白质等，提炼出粥精华的米油，有健脾益胃，助消化的作用。另外，如果在宝宝腹泻之初给宝宝喝米汤，这对早期预防宝宝机体脱水很有帮助。

挂面汤 增强免疫力、平衡营养

材料 鸡蛋挂面 25 克。

做法

挂面在开水中煮约 10 分钟，舀汤晾温后喂食。

功效 挂面汤富含蛋白质，容易消化吸收，能增强免疫力，平衡营养，促进吸收。

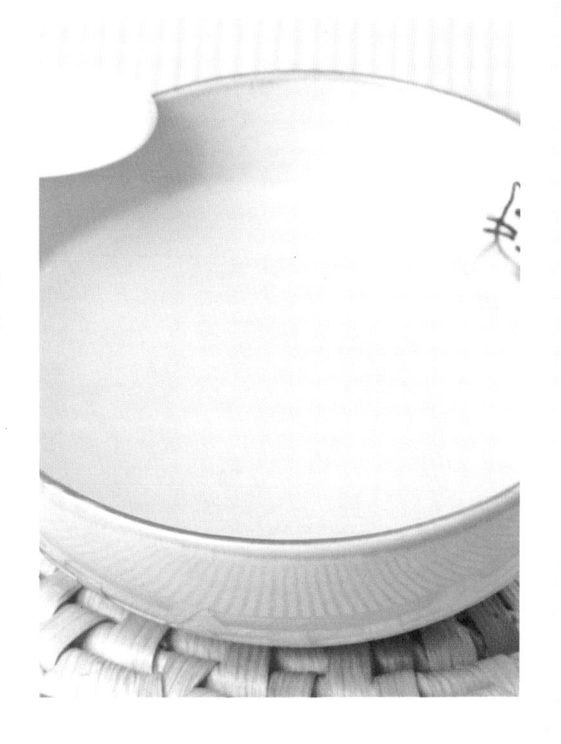

苋菜泥 补钙、补铁

材料 苋菜 50 克。

做法

1. 将苋菜洗净，保留叶子的部分；将苋菜叶放进开水中煮软。
2. 使用磨泥器，将煮软的苋菜叶磨成泥状。

功效 苋菜富含钙、铁、维生素 C 等，常食可以增强宝宝机体免疫功能，有利于身体健康。

红薯泥 宽肠胃、防便秘

材料 红薯 30 克。

做法

1. 红薯洗净，去皮，切块。
2. 放入辅食机中，放入适量水，然后按蒸煮键，蒸煮结束后再按搅拌键，搅拌停止即可。

功效 红薯富含的可溶性膳食纤维，有助于促进宝宝肠道蠕动，能预防便秘，添加辅食初期常食红薯有利于宽肠胃。

爱心提醒

1. 红薯去皮后要尽快烹调，不要久放，以免其氧化变黑，影响美观和营养成分。
2. 辅食机中加水时，一定要适量，太少了不好搅打，太多了会成红薯糊。

番茄泥 补充维生素

材料 番茄 50 克。

做法

1. 番茄洗净，在顶部划十字开口，放入沸水中烫一下，去皮、去蒂。
2. 将番茄切成小丁，再磨成泥即可。

功效 生吃番茄可较好地补充维生素 C。

爱心提醒

番茄中富含维生素 C、番茄红素，生吃番茄有利于补充维生素 C；将番茄加在稀饭中煮着吃有利于补充番茄红素。

苹果蓉 提高宝宝记忆力

材料 苹果 50 克。

做法

1. 苹果洗净，对半切开。
2. 用不锈钢的勺子刮一层果蓉，喂给宝宝即可。

功效 补充锌、维生素 C 和果胶，能促进大脑发育，增强记忆力。

爱心提醒

1. 如果妈妈要刮着喂苹果，最好选择软质苹果，如黄香蕉，否则不易刮下来。
2. 给宝宝喂完苹果蓉后，可以让宝宝喝点清水来清洁口腔。

胡萝卜汁 保护眼睛

材料 胡萝卜 50 克。

做法

1. 胡萝卜洗净，去皮，切成块。
2. 蒸锅烧水，水开后放入蒸屉，放上胡萝卜块，大火蒸至胡萝卜块软熟。
3. 将熟胡萝卜块放入搅拌机中，倒入适量水，打成胡萝卜汁即可。

功效 胡萝卜中胡萝卜素的含量很高，它能在小肠黏膜和肝脏胡萝卜素酶的作用下转变成维生素 A，具有保护视力的作用。

爱心提醒

胡萝卜汁不宜过量饮用，否则造成胡萝卜素沉积体内，出现皮肤发黄。

玉米汁 促进宝宝视力发育

材料 新鲜玉米 1 根。

做法

1. 新鲜玉米去掉外皮和玉米须，洗净，用刀一剖为二，然后顺着侧缝用手一排一排剥下玉米粒即可。
2. 将玉米粒放入搅拌机中，倒入适量水，打成浆，然后将玉米浆放入锅中煮沸，用过滤网过滤掉渣即可。

功效 玉米汁中含玉米黄素较高，能帮助促进视觉细胞代谢，能促进宝宝视力发育。

6个月
育儿难题看这里

幼儿急疹

幼儿急疹多发于6～18个月宝宝身上，最典型的症状是起病急，高烧达39～40℃，持续2～3天后自然骤降，然后身体出红疹，精神也随之好转。

幼儿急疹不会引发别的并发症，热退疹出，持续1～2天后皮疹消退，不会留下任何痕迹。但是很多家长见到宝宝发热就特别着急，非要带着患儿反复跑医院，不仅于事无补，反而有可能造成交叉感染，使病情复杂化。其实，宝宝患了幼儿急疹，只要精神状况比较好，家长在家精心护理就好了。

1. 如果宝宝体温较高，并出现哭闹不止、烦躁等情况，可以给予物理降温，如洗温水澡；用温水擦拭宝宝的额头、腋下、腹股沟等；头部放置冰袋；多给宝宝喝温水。

2. 让宝宝卧床休息，尽量少去户外活动，避免交叉感染。

3. 注意营养，饮食要清淡、易消化，可食用一些易消化的流食或半流食，如米汤、蔬果汁、面片等。

4. 体温超过38.5℃时，要给宝宝服用退烧药，以免发生高热惊厥。

5. 室内开窗通风，以保持室内空气新鲜，每日通风3～4次。

仍不会翻身

如果宝宝6个月还不会翻身，父母要检查以下问题：宝宝是否穿得太厚，不方便自由行动；是否对宝宝的翻身训练不足。

父母还可以帮助宝宝多做翻身训练：首先把宝宝的头侧卧，方法是大人一只手拖住宝宝的前胸，另一只手轻推宝宝背部，让其俯卧。如果翻过身来有上肢压在了身下，帮宝宝拿出来，动作要轻柔。宝宝的头会自动抬起，让他用双手或前臂撑起前胸。这种锻炼对训练翻身很有效。

如果宝宝经过锻炼仍然不会翻身，应去医院。

流口水

这个月龄的宝宝唾液分泌增多了，吃了辅食之后，分泌得更多。这个月出乳牙的口水更多。可以在胸前戴一个小围兜，围兜湿了之后就换一个。口水可能淹红宝宝的下巴，要用干爽的毛巾擦干，以免弄伤皮肤。如果喂了宝宝食物，要先清洗一下下巴再擦嘴。

7～8个月宝宝：添加蠕嚼型辅食

7～8个月宝宝的身高、体重参考标准

	7个月宝宝的情况		8个月宝宝的情况	
	男宝宝	女宝宝	男宝宝	女宝宝
身高正常范围（厘米）	67.4~72.3	65.9~70.6	70.1~75.2	67.2~72.1
体重正常范围（千克）	7.8~9.8	7.3~9.1	8.1~10.1	7.6~9.4

以上数据均来源于原国家卫生部2009年公布的《中国7岁以下儿童生长发育参照标准》。

7～8个月宝宝的变化有哪些

活动能力更强了

上个月坐得不很稳的宝宝，到了这个阶段能坐得很稳了。坐着时能自如地取附近的东西。有的宝宝还愿意勇敢地向后倒，并躺着玩会儿。但宝宝往后倒时可能会磕到后脑勺，大人要随时注意宝宝身后不要有硬东西。

感情更丰富了

拿走宝宝玩具，他会大声哭。看不见妈妈会不安，甚至哭闹；看见妈妈会非常高兴。如果爸爸经常照顾宝宝，也会和爸爸非常亲近的。而且，在育儿生活中，爸爸不应该缺位。

需要养成良好的睡眠习惯

一般来说，宝宝白天睡眠时间继续缩短，夜间睡眠时间相对延长，这对爸爸妈妈来说是件高兴的事儿。但也有特殊的宝宝，白天贪睡，晚上精神。要改变这种不良的睡眠习惯，不能迁就宝宝，晚上按时关灯睡觉，半夜醒来也不陪玩，就安静地拍拍，让其尽快入睡。

辅食喂养指导

满足 7 个月宝宝的营养需求

第 7 个月宝宝的主要营养源还是母乳或配方奶，辅食只是补充营养不足，添加以含蛋白质、维生素、矿物质、脂肪、碳水化合物为主要营养素的食物，包括蛋、肉、蔬菜、水果、米粉等。铁的需求量明显增加，宝宝半岁以前的每日需铁量为 0.3 毫克，但半岁以后，每日需要的铁为 30 毫克。

满足 8 个月宝宝的营养需求

宝宝第 8 个月每日所需的热量与前一个月相当，也是每千克体重 90 千卡（1 卡 ≈ 4.186 焦）。蛋白质的摄入量仍是每天每千克体重 1.5 ~ 3.0 克。脂肪的摄入量比上半年有所减少，6 个月前脂肪占总热量的 50% 左右，本月开始降到 40% 左右。8 个月宝宝应每日保证摄入母乳和 / 或配方奶 600 毫升，含铁婴儿米粉、厚粥（米粒糜烂可堆起）、烂面等 20~30 克，蛋黄 1 个，畜禽鱼肉 50 克，蔬果适量。

根据宝宝情况添加辅食

此时要根据辅食添加的时间、量，母乳的多少，宝宝睡眠等情况对辅食做出相应调整。

已经习惯辅食

按照现有的辅食添加习惯继续添加，只要宝宝发育正常，暂时不需要做调整。

吃辅食较慢

不要增加辅食的次数，尽快调整辅食喂养方法。

一天吃两次辅食，并因此减少了奶量

这时应该减少一次辅食，优先保证奶的摄入量。

不喜欢粥

此时辅食的性质应以柔嫩、半固体为好，如果宝宝不喜欢粥，对成人吃的米饭感兴趣，可以尝试喂一些软烂的米饭。

不爱吃碎菜或肉末

可以改变一下食物的形式，把碎菜或肉末混在粥内或包成馄饨。

吞咽能力较好

可以给宝宝一些较硬、方便手握的食物，让他拿着吃。

品种要多样，营养要均衡

此时的宝宝消化功能增强了许多，可食用碎菜、蛋黄、厚粥、面条、肉末、豆制品、果片（把苹果、梨、桃等水果切成薄片）等。少数确认鸡蛋黄过敏的宝宝应回避鸡蛋黄，相应增加约 30 克肉类。爸爸妈妈在给宝宝制作辅食的时候，要注意营养的均衡搭配。如把胡萝卜、南瓜、土豆等蒸煮好弄碎的蔬菜，与油炒过的肝末混合在一起做成肝汤，就是营养搭配成功的例子。

喂养经验分享

这一时期，可以给宝宝吃煮的、炒的食物，但一定要嫩一些。如炒白菜、炒西葫芦、炒茄子等，炒得要嫩软一些，喂的量要少一点。煮的有肉类，肉要鲜嫩，煮成肉糜较佳。

尝试吃固体食物

有的宝宝到 8 个月已经不爱吃软烂的粥、面条了。有的妈妈担心他不能嚼烂食物，不适合吃半固体的食物，其实宝宝完全能应付。吃半固体的食物还可以锻炼咀嚼能力。8 个月可以喂宝宝软烂的米饭、稠粥、鸡蛋羹（去蛋清）了。

辅食和奶要安排合理

如果此时宝宝一次能喝 100 ~ 150 毫升奶，就应该让宝宝每天喝 4 ~ 6 次。然后在中午和下午加两次辅食。

科学的喂养方法是根据宝宝吃奶和辅食的情况随时调整。两次喂奶间隔和两次辅食间隔都不要短于 3 小时，奶与辅食间隔不要短于 2 小时。

母乳和 / 或配方奶

各种泥糊状的食物，如婴儿米粉、蛋黄、肝泥、菜泥等

母乳和 / 或配方奶

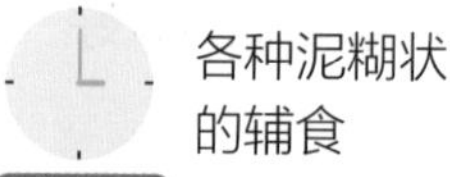

各种泥糊状的辅食

母乳和 / 或配方奶

母乳和 / 或配方奶

夜间可能还需要母乳或配方奶喂养 1 次

辅食的摄入量因人而异

宝宝开始每天有规律地吃辅食，每次量应因人而异，食欲好的宝宝应稍微吃得多一点。因此，不用太看重量，要看成长曲线是否存在添加辅食后成长过快或过慢就好。

顺应宝宝的需求进行喂养

父母应及时回应宝宝发出的饥饿或饱的信号，及时提供或终止辅食。如当宝宝看到食物表现兴奋、小勺靠近时张嘴、舔吮食物等，表示饥饿；而当宝宝紧闭小嘴、扭头、吐出食物时，则表示已吃饱。

父母应允许宝宝在准备好的食物中挑选自己喜爱的食物。对于宝宝不喜欢的食物，父母应反复提供并鼓励其尝试。父母应对食物和进食保持中立态度，不能以食物和进食作为惩罚和奖励。

引入新食物时注意观察是否过敏

在给 7 ~ 9 个月宝宝引入新的食物时，应特别注意观察是否有食物过敏现象。第 1 次只需尝试 1 小勺，第 1 天可以尝试 1 ~ 2 次。第 2 天视宝宝情况增加进食量或进食次数。观察 2 ~ 3 天，如宝宝适应良好就可再引入一种新的食物，如蛋黄泥、瘦肉泥等。在宝宝适应多种食物后可以混合已确认不过敏的食物，如菠菜鸭肝泥、鸡肉青菜粥等。

如在尝试某种新食物的 1 ~ 2 天内出现呕吐、腹泻、湿疹等不良反应，要及时停止喂养，待症状消失后停 1 ~ 2 个月再从小量开始尝试，如仍然出现同样的不良反应，应尽快咨询医师，确认是否食物过敏。

对于宝宝偶尔出现的呕吐、腹泻、湿疹等不良反应，不能确定与新引入的食物相关时，不能简单地认为宝宝不适应此种食物而不再添加。宝宝患病时也应暂停引入新的食物，已经适应的食物可以继续喂养。

喂养经验分享

家长喂宝宝吃新食物时，要有耐心，多尝试几次，不要强迫宝宝接受。如果这次不接受，那就过一段时间接着试，或者换个花样再试。如果有些食物是你觉得特别健康，但是宝宝就是不接受的话，不妨换个营养接近的替代品。同样是补铁，宝宝不喜欢吃肝泥，不妨试试肉泥或动物血（但要保证其安全）。

过早给超体重儿加辅食

很多人认为超体重儿应该早些添加辅食，这是不科学的。虽然父母自以为“宝宝身体发育较快”，但不能说明消化系统发育也快。通常情况下宝宝身体发育情况大致一样，也根据孩子体质不同有所差异，但绝不是超体重儿消化系统发育好，能过早接受辅食。同时，不能突然增加辅食量，如果宝宝一直想吃，一次也不能喂太多，应分开喂。

白米粥中加含盐的食物

为了让宝宝多吃点白米粥，妈妈就会给白米粥中加含盐的食物，其实这种粥并不适合宝宝吃。

1 岁以内的宝宝，肾脏功能未发育成熟，加盐、酱油会加重肾脏负担。一般奶类辅食均含有钠，足够宝宝需要。如果妈妈想让宝宝多摄入营养，可以喂宝宝一口菜、一口粥，但保证菜和粥都是没加盐的。保证辅食的味道不断变化，符合喂养这个月龄宝宝的要求。

过分追求标准量

有些妈妈对宝宝每顿的进食量总是追求一定的“标准量”，或者是朋友的经验之谈，甚至是邻家宝宝的进食量，其实这样做是不对。因为每个宝宝的食量不同，只要宝宝健康成长，妈妈不必过分追求“标准量”。事实上根本没有妈妈追求的标准量，宝宝吃饱了就是标准。

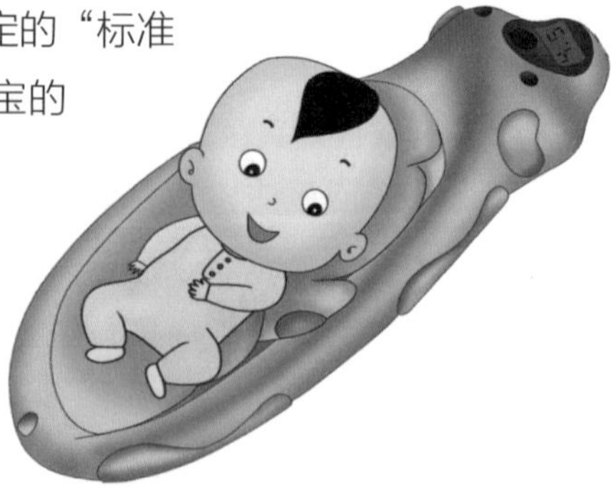

宝宝辅食推荐

土豆西蓝花泥 保护视力

材料 土豆30克，西蓝花50克。

做法

1. 土豆洗净，蒸熟，去皮后用辅食研磨碗捣成泥；西蓝花洗净，取嫩的花朵沸水焯一下，打成泥。
2. 将土豆泥和西蓝花泥搅拌均匀即可。

功效 西蓝花中维生素C、胡萝卜素含量高，不但有利于宝宝身体成长发育，还能保护好视力。土豆含有丰富的淀粉，两者搭配食用能增强宝宝免疫力。

红薯小米粥 预防便秘

材料 红薯30克，小米20克。

做法

1. 小米洗净；红薯洗净，去皮，切1厘米左右的小块。
2. 锅内放入烧沸，放入小米和红薯块，大火烧开后，转小火煮20～30分钟，待粥稠即可。

功效 润肠通便。

红薯菜花粥 通便

材料 大米20克，红薯30克，菜花25克。

做法

1. 大米洗净，浸泡30分钟。
2. 红薯洗净，蒸熟，去皮捣碎；菜花用开水烫一下，去茎部，用辅食机打成泥。
3. 将大米和适量清水放入锅中，大火煮开，放入红薯碎、菜花泥，再调小火煮软烂即可。

功效 红薯菜花粥含有大量膳食纤维，能刺激肠道，增强蠕动，通便排毒。

圆白菜西蓝花米粉 调节肠胃功能

材料 圆白菜、西蓝花各20克，米粉25克。

做法

1. 取圆白菜心部，捣碎；西蓝花洗净，切碎。
2. 锅置火上，加适量水，放入圆白菜碎、西蓝花碎煮软，再放入米粉搅拌即可。

功效 圆白菜和西蓝花中含有丰富的维生素C、钾、钙等，有助于促进宝宝的生长发育。此粥对调节宝宝肠胃功能也有较好的功效。

红枣核桃米糊 **益气血，预防贫血**

材料 大米20克，红枣15克，核桃仁10克。

做法

1. 大米淘洗干净，用清水浸泡30分钟；红枣洗净，用温水浸泡30分钟，去核。
2. 将大米、红枣和核桃仁倒入全自动豆浆机中，加水至上下水位线之间，按“米糊”键，煮至米糊好即可。

功效 红枣可益气血、健脾胃，改善血液循环，对宝宝贫血有不错的预防功效。

黑芝麻大米粥 **健脑益智**

材料 大米20克，黑芝麻3克。

做法

1. 黑芝麻洗净，炒香，研碎；大米淘洗干净，浸泡30分钟。
2. 锅置火上，倒入适量清水烧开，加大米煮沸，转小火煮至八成熟时，放入黑芝麻碎拌匀，继续熬煮至米烂粥稠即可。

功效 黑芝麻中富含蛋白质、卵磷脂、不饱和脂肪酸，常食可活化脑细胞；大米可健脾胃。二者搭配食用有健脑的作用，还可预防宝宝便秘。

油菜蒸豆腐 补充蛋白质

材料 嫩豆腐 50 克，油菜叶 10 克，煮熟的蛋黄 1 个。

调料 水淀粉 10 克。

做法

1. 油菜叶洗净，放入沸水中焯烫一下，捞出切碎。
2. 豆腐放入碗内碾碎，然后和切碎的菜叶、水淀粉搅匀，再把蛋黄碾碎撒在豆腐碎表面。
3. 大火烧开蒸锅中的水，将盛有所有食材的碗放入蒸锅中，蒸 10 分钟即可。

功效 油菜蒸豆腐富含优质蛋白质、钙等，且容易消化和吸收。

荠菜粥 预防宝宝便秘

材料 荠菜 25 克，大米 20 克，黑芝麻适量。

做法

1. 将荠菜洗净，焯烫一下后切成细末；黑芝麻磨成末。
2. 大米洗净，用清水泡 30 分钟。
3. 锅中放入大米和适量清水，大火烧开，改小火煮 20 分钟，加入荠菜末、黑芝麻末再次开锅即可。

功效 荠菜含有丰富的膳食纤维，能促进宝宝肠道蠕动，起到通便的作用。

蔬菜豆腐泥 均衡营养

材料 胡萝卜20克，荷兰豆30克，嫩豆腐40克。

做法

1. 将胡萝卜去皮，与荷兰豆一起煮熟，将两者打成泥。
2. 锅中倒适量清水，加入荷兰豆泥和胡萝卜泥，然后将嫩豆腐捣碎放进锅里，煮至汤汁变稠即可。

功效 豆腐中含有人体必需的8种氨基酸，胡萝卜和荷兰豆含有多种维生素和矿物质，三者搭配，能为宝宝提供丰富均衡的营养。

菜花米糊 增强免疫力

材料 大米20克，菜花30克。

做法

1. 将大米洗净，浸泡30分钟，放入婴儿研磨碗中磨碎。
2. 将菜花放入沸水中焯烫一下，去掉茎部，将花冠部分切碎。
3. 将磨碎的大米和适量水倒入锅中，大火煮开，放入菜花碎，转成小火煮开。
4. 用过滤网过滤，取汤糊即可。

功效 菜花富含维生素C，可以增强宝宝的免疫力，预防感冒。

鸡蛋玉米羹 健脑益智

材料 玉米粒 80 克，鸡蛋 1 个。

做法

1. 将玉米粒洗净，用搅拌机打成玉米泥。
2. 鸡蛋取蛋黄打散成蛋液。
3. 将玉米泥放沸水锅中不停搅拌，煮沸后，淋入蛋黄液再次煮沸即可。

功效 鸡蛋中含有卵磷脂、优质蛋白质，有助于健脑；宝宝多吃玉米有利于大脑细胞发育，增强脑力和记忆力。

鸡蛋黄泥 促进神经系统发育

材料 鸡蛋 1 个。

做法

1. 将鸡蛋放入清水锅中煮熟。
2. 剥开鸡蛋，取蛋黄，再加适量温水调匀成泥状即可。

功效 鸡蛋黄中含有维生素 D、维生素 E、维生素 K 等多种维生素，还富含磷脂等营养成分，有利于促进宝宝大脑的发育。

爱心提醒

煮鸡蛋时要把握好时间，以免煮老导致蛋黄表面发灰。嫩蛋黄最易于宝宝消化和吸收，但不能给宝宝吃溏心蛋黄。

瘦肉泥 补铁

材料 猪里脊肉 30 克。

做法

1. 里脊肉洗净，用搅拌机将里脊肉打成泥。
2. 将肉泥蒸熟即可。

功效 猪瘦肉中含铁、锌等，且极易被人体吸收与利用，很适合为宝宝补充营养。

爱心提醒

除了猪肉，妈妈也可以尝试用牛肉、鸡肉来替换，能让宝宝体验不同的口味。

猪肝泥 补血

材料 新鲜猪肝 40 克。

做法

1. 新鲜猪肝放在水龙头下反复冲洗几分钟，然后放入水中浸泡 30 分钟，再切片，放入锅中蒸熟。
2. 将蒸熟的新鲜猪肝片放入搅拌机中，加 30 毫升水，打成泥即可。

功效 猪肝富含铁，宝宝常食可以预防贫血。

爱心提醒

1. 猪肝要现切现做，这样能保留更多的营养。
2. 蒸猪肝时小火蒸 15~20 分钟即可，蒸的时间过长会太老，蒸的时间太短不能杀死猪肝内的病菌和寄生虫卵。

菠菜鸭肝泥 **预防缺铁性贫血**

材料 菠菜 15 克，鸭肝 30 克。

做法

1. 鸭肝清洗干净，去膜、去筋，用搅拌机打泥。
2. 菠菜洗净后，放入沸水中焯烫至八成熟，捞出，凉凉，切碎。
3. 将鸭肝泥和菠菜碎混合搅拌均匀，放入蒸锅中大火蒸 5 分钟即可。

功效 鸭肝中含铁较多，宝宝多食能预防缺铁性贫血。鸭肝还含维生素 A，可以促进视力发育。

鸡肉青菜粥 **促进生长发育**

材料 大米粥 50 克，鸡肉末、青菜碎各 15 克。

调料 鸡汤 15 毫升。

做法

1. 锅内倒油烧热，将鸡肉末煸炒至半熟。
2. 放入青菜碎，一起炒熟，盛出备用。
3. 将炒好的鸡肉末和青菜碎放入大米粥内，加入鸡汤，熬煮片刻即可。

功效 鸡肉含有丰富的蛋白质，剁成末熬煮给宝宝食用，有利于宝宝消化吸收，促进其生长发育。

蛋黄胡萝卜泥 促进大脑、骨骼发育

材料 熟蛋黄50克，胡萝卜40克。

做法

1. 胡萝卜洗净，去皮，切小块，放入锅中，加适量清水煮软，捣成泥。
2. 熟蛋黄加少许水，压成泥状。再将胡萝卜泥和蛋黄泥混合搅匀，用模具做出可爱造型即可。

功效 蛋黄中含有卵磷脂、铁，胡萝卜含胡萝卜素等，两者搭配对宝宝大脑、骨骼发育有益。

蛋黄土豆泥 增强免疫力

材料 鸡蛋1个，土豆45克。

做法

1. 鸡蛋洗净，凉水下锅煮熟，取蛋黄，用婴儿研磨器碾压成泥；土豆洗净，蒸熟后去皮，放入婴儿研磨碗中捣成泥。
2. 锅内放入土豆泥、蛋黄泥和温水稍煮，搅匀即可。

功效 蛋黄含有丰富的卵磷脂、蛋白质等；土豆含有钾、蛋白质等，两者同食可促进宝宝大脑发育，增强免疫力。

菠菜蛋黄粥 益智健脑

材料 鸡蛋1个，菠菜20克，软米饭50克。

调料 高汤适量。

做法

1. 将菠菜洗净，开水焯烫后切成末，放入锅中，加适量清水煮成糊末状。
2. 鸡蛋煮熟，取蛋黄，和软米饭、适量高汤放入锅内，煮成粥状。
3. 将菠菜糊末加入蛋黄粥中即可。

功效 蛋黄中含有丰富的蛋白质和卵磷脂，能促进宝宝大脑发育，有利于益智开发。

猪肝蛋黄粥 补铁，提高智力

材料 猪肝30克，大米25克，熟鸡蛋1个。

做法

1. 猪肝洗净，剁碎；大米淘洗干净，用清水浸泡30分钟，熟鸡蛋去皮，取蛋黄压成泥。
2. 锅置火上，加水烧开，放入大米，煮成稀粥。
3. 将猪肝碎、蛋黄泥加入稀粥中煮3分钟即可。

功效 猪肝中不但花生四烯酸（ARA）含量丰富，铁的含量也很高，适合作为宝宝补铁及提高智力的食材；蛋黄富含卵磷脂。二者搭配食用，对宝宝大脑的发育非常有好处。

蛋黄南瓜小米粥 **助眠、健脑**

材料 鸡蛋1个，南瓜50克，小米30克。

做法

1. 鸡蛋洗净，煮熟，取1/4个蛋黄；南瓜洗净，去皮、去瓤，切块，放入电蒸锅中蒸熟，再放入搅拌机中，加入蛋黄和适量水一起打成泥。
2. 小米用清水淘洗干净，然后煮成粥，加入蛋黄南瓜泥搅匀即可。

功效 蛋黄中卵磷脂和DHA，能促进宝宝大脑发育；南瓜含有丰富的膳食纤维能促进宝宝肠胃蠕动；小米能帮助睡眠。

鱼肉羹 **促进骨骼、神经发育**

材料 草鱼肉50克。

调料 豌豆淀粉10克。

做法

1. 鱼肉洗净，切成小片，入锅煮熟，去除鱼骨和皮，放入婴儿研磨碗内研碎，放入锅内加鱼汤煮。
2. 豌豆淀粉用水调匀，倒鱼肉锅内煮至糊状即可。

功效 鱼肉富含蛋白质、钙、磷、铁和多种维生素，能促进宝宝骨骼发育，此外鱼肉中谷氨酸含量较多，能促进宝宝神经发育。

苹果金团 **预防便秘**

材料　苹果、红薯各25克。

做法

1. 将红薯洗净，蒸熟，去皮，捣成泥。
2. 苹果去皮、去核后切碎，煮软。
3. 将苹果碎与红薯泥均匀混合即可。

功效　苹果和红薯中都富含膳食纤维有利于通便。

香蕉粥 **润肠通便**

材料　香蕉20克，大米30克。

做法

1. 大米淘洗干净，浸泡30分钟；取香蕉切成小块。
2. 锅置火上，放入大米和适量水，用中火煮熟，再用小火将粥熬烂，然后在米粥中加入香蕉块搅拌均匀即可。

功效　香蕉性寒，能润肠通便，不过那些青绿色的生香蕉可能会起到反作用，因为没熟透的香蕉含有较多的鞣酸，对于消化道有收敛作用。

7 ~ 8个月 育儿难题看这里

不好好睡觉

对于这个月龄的宝宝来说，如果不好好睡觉，可能是不良睡眠习惯导致的，爸爸妈妈要重视这个问题。

不良睡眠习惯必须改正

睡眠好的宝宝，到了这个阶段可以睡整夜不醒，也不吃夜奶，即使换尿布也不醒。对于白天到了吃辅食的时间还在睡觉的宝宝，妈妈不要把熟睡的宝宝叫醒喂辅食，否则他会哭闹，甚至导致宝宝厌食。让宝宝睡个够，饿了就会自然醒来要吃的。

有些宝宝白天睡觉多，晚上十分精神，妈妈应该想办法改正这种不良的睡眠习惯。可以让宝宝在白天尽量玩得兴奋些，多消耗体力，这样宝宝可能晚上睡得早些，睡得踏实些。无论睡眠习惯如何，每天睡眠时间要相对固定，爸爸妈妈要合理安排宝宝的睡眠时间。虽然想想很困难，但只要有耐心，慢慢还是可以调整的。

分离焦虑也会导致宝宝不睡觉

妈妈出门上班去了，到了入睡时间，宝宝可能表现出分离焦虑。这在7 ~ 9个月，尤为明显，也很常见。那么，妈妈应该怎么做呢？

1. 用温柔有信心的语调，向宝宝做出保证“没事的，宝贝，妈妈没走远”“妈妈还会回来的”，来去都提前告知宝宝，不偷偷溜走，不突然驾到，增加互动的质量，帮宝宝平稳度过这个阶段。

2. 晚上睡前高质量的陪伴和互动，在这个阶段很重要。换位思考，宝宝苦等了妈妈一天，还没来得及好好和妈妈嬉戏玩乐，就得睡觉，宝宝接受起来确实有难度。

逐渐改变奶睡、抱睡的入睡方式

宝宝出现小睡短、夜醒频繁等难题的困扰，常能发现与奶睡、抱睡相关。最好的入睡方式是能让宝宝躺在床上安静地睡着。

在睡之前让宝宝玩，玩累了就容易入睡了，这样能帮助宝宝逐渐切断吃着入睡的联系。可以让宝宝吃完了玩，玩累了睡，改变奶睡的习惯。

至于如何改变奶睡的习惯，可以从原来的走动抱哄，变成慢走抱哄配以嘘嘘声。几天后，再由慢走变成站在原地，再变成坐着哄，最后变成放在床上，妈妈躺在身边轻拍。每个过程都需要持续几天，妈妈要有耐心。

9 ~ 10 个月宝宝：添加细嚼型辅食

9 ~ 10 个月宝宝的身高、体重参考标准

	9 个月宝宝的情况		10 个月宝宝的情况	
	男宝宝	女宝宝	男宝宝	女宝宝
身高正常范围（厘米）	71.4~75.2	68.5~73.6	71.4~76.6	69.8~75.0
体重正常范围（千克）	8.4~10.7	7.8~9.7	8.6~10.7	8.0~10.0

以上数据均来源于原国家卫生部 2009 年公布的《中国 7 岁以下儿童生长发育参照标准》。

9 ~ 10 个月宝宝的变化有哪些

宝宝会坐得很稳

这个时期的宝宝不需要依靠任何东西，能很稳地坐较长时间。坐着时，会自己玩手里的玩具，且能自如地放下或拿起，还能双手互递。会自己由坐着的状态到趴下或躺下。需要说明一下，有的宝宝先爬，有的宝宝先坐，父母不必为此过分纠结。

开始向前爬

一般来说，6~9 个月宝宝向前爬都属正常，虽然四肢运动协调还不够好，但肚子能够离开床面，有时也会用肚子匍匐前进。9 个月还不会爬的宝宝需要大人加紧训练，必要时要去医院。

能抓物站起

满 10 个月的宝宝，和前几个月比较起来活动能力明显增强，可以抓着床栏杆站起来，这让爸爸妈妈非常惊讶。

辅食喂养指导

满足 9 个月宝宝的营养需求

母乳或配方奶仍是现阶段重要的食物。虽然宝宝所需要的营养越来越多，但是一天所需要的热量，仍然主要来自于母乳或配方奶。此外，要适当增加辅食来满足宝宝的营养需求。

满足 10 个月宝宝的营养需求

10 个月的宝宝咀嚼力进一步加强，要让他逐渐养成一日三餐的习惯。添加辅食时取材要广泛，常见的宝宝辅食，像粥、软饭、面条、蔬果、肉类等在这个月都要涉及。每顿饭放 3 种以上的食材，以给宝宝补充充足的营养。

增加辅食的种类

谷薯物

玉米、面条、红薯、红豆、绿豆、馒头片、熟土豆、芋头等。

蔬菜

菠菜、南瓜、胡萝卜、白萝卜、豆芽、圆白菜、番茄、甜椒等，尤其要注意添加茎秆类蔬菜（如空心菜、芹菜等），但在烹制前要去掉粗老的部分。

水果

苹果、梨、橙子、香瓜等。

肉类

猪瘦肉、牛肉、鸡肉、猪肝、鱼肉（无刺）等。

其他

蛋黄、豆腐、海带等。

喂奶次数逐渐减少

9 个月宝宝的喂奶次数和喂奶量应逐渐减少，每天哺乳 600 毫升就够了。需要说明的是，这不是说奶不重要了。

10 个月宝宝要继续母乳喂养，如果需要断母乳，可逐渐添加配方奶，每日应吃 3~4 次奶，2~3 次辅食，停止夜奶。

如果宝宝不喜欢喝奶，应增加肉、蛋等辅食以补充足够的蛋白质，同时注意补钙。但不能因此就不限制地减少奶量，保证宝宝每天摄入至少 600 毫升奶依然很重要。

让宝宝快乐接受蔬菜

蔬菜能够给宝宝提供丰富的营养，如何才能让宝宝爱上蔬菜？

1. 试试在米饭里加入玉米粒、豌豆粒、胡萝卜粒、蘑菇粒，再点上几滴香油，美丽的“五彩米饭”或许能使宝宝食欲大增。再如，吃面条的时候配上黄瓜、焯豆芽、焯白菜丝、烫菠菜叶等。其实，10 个月后，就可以把白菜等蔬菜放入鱼汤、肉汤中煮着吃。总之，可以这个时候让宝宝摄入足够的蔬菜非常重要。

2. 如果宝宝暂时无法接受某一种蔬菜，可以找到与它营养价值类似的蔬菜来满足宝宝的营养需求。比如说，不肯吃胡萝卜，可以吃富含胡萝卜素的西蓝花。但不要放弃胡萝卜，要多次尝试喂宝宝胡萝卜，鼓励但不强迫他进食，以免养出一个“挑食宝宝”。

3. 让宝宝在愉快的氛围吃蔬菜，让他热爱蔬菜。很多宝宝爱吃带馅儿食品，可以常在肉丸、鱼丸、饺子、包子里添加一些宝宝平时不喜欢吃的蔬菜。久而久之，宝宝就会习惯并接受不喜欢的蔬菜了。

用加工食品做辅食

妈妈在制作辅食的时候，尽量不要使用罐头及肉干、肉松、香肠等加工类肉食，这些食物在制作过程中营养成分流失过多，远没有新鲜食物营养价值高，并且在制作过程中还加了防腐剂、色素等对宝宝健康不利的物质。由于宝宝的身体发育不完善，可能会增加其肝脏负担。

让宝宝吃太多

宝宝超重和营养不良一样，都是不正常的，必须纠正。如果宝宝每天体重增长超过 20 克，就应该引起注意。不过不能用节食的方法给宝宝减肥，正确的做法是调整宝宝的饮食结构，少吃米面等主食以及高热量、高蛋白质类食物，同时增加宝宝的活动量。注意一点，宝宝是否生长过快和过缓需看他自己的生长曲线，不能只看长了多少体重，多少身高。

过分担心宝宝辅食量

这一时期的宝宝开始有了独立意识，能按照自己的意愿选择食物。他不想吃的时候就不吃，想吃的时候就吃，因此食量时多时少。但从发育特征上看，这一时期的宝宝愿意活动身体，对周围的事物感到好奇，如果各方面行动正常，就不用担心。不能只从一天的食量来判断吃多了还是吃少了，应该随时记录宝宝的身高体重，形成生长曲线。

喂养经验分享

每个宝宝的食量都不一样。有的宝宝食量比较少，可能每次只吃一点辅食，奶量也不大，很多家长会因此担心宝宝营养不良。其实，如果宝宝各方面都发育正常，而且精力十足，那就是正常的，不必过于担心。

食欲好的宝宝突然不愿意吃饭了，强迫他进食

很多家长想让宝宝长得更壮实，就强迫他吃到家长认为他应该吃的量，这种行为极大地影响宝宝的身心健康。由于受到生理、心理和环境因素的影响，宝宝有时会多吃一点，有时会少吃一点，这是很自然的事情，家长不必过于忧虑。产生饥饿感的时候，自然会要求进食。被家长强迫进食，反而会产生反感，久而久之产生厌食情绪。

为宝宝购买营养品

营养品是由国家有关部门审核批准的特殊食品，具有一定的保健功能。但要注意，爸爸妈妈不要自行为宝宝购买营养品，比如由不良饮食习惯造成的营养缺乏，饮食方面不做任何调整，以服用营养品来补充需要的营养素，就是本末倒置的行为。

宝宝钙不足时，首先应考虑摄入富含钙的奶制品、芝麻、紫菜、豆制品等，而不是补钙剂；宝宝如果缺乏蛋白质，可以优先考虑吃鸡鸭鱼肉等富含蛋白质的食物，而不是给宝宝添加蛋白粉；缺铁则应首先考虑吃些猪瘦肉、牛肉、动物肝脏、动物血等富含铁的食物。

如果通过饮食来纠正营养素缺乏收效不好，要让营养师做出明确诊断，并在营养师的指导下服用营养补充剂。要说明的是，营养补充剂不宜长期服用。

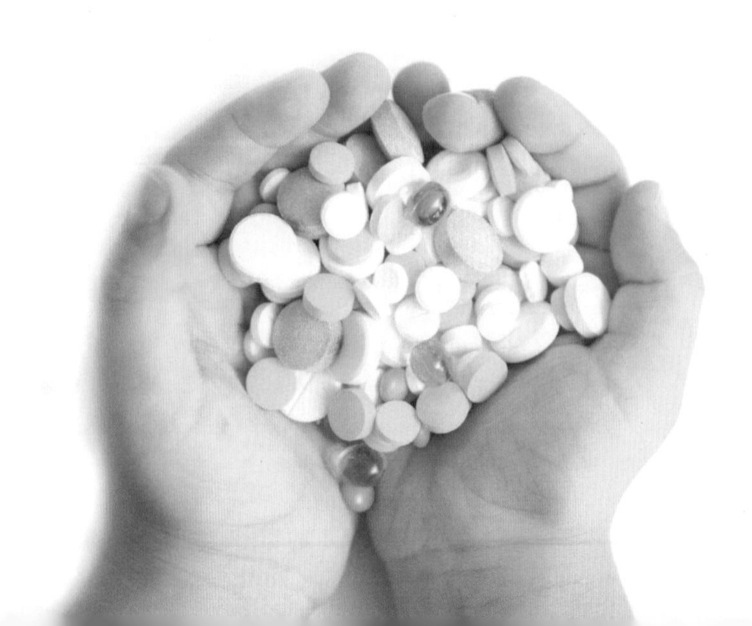

宝宝辅食推荐

三角面片 **促进宝宝生长**

材料 小馄饨皮 20 克，青菜 25 克。

做法

1. 小馄饨皮用刀拦腰切成两半后，再切成小三角状；青菜洗净，切碎末。
2. 锅中放水煮开，放入三角面片，煮熟后放入青菜碎，煮至沸腾即可。

功效 三角面片易消化吸收，能为宝宝提供所需的碳水化合物等。

芹菜二米粥 **促进消化**

材料 芹菜、大米各 15 克，小米 10 克。

做法

1. 大米、小米分别淘洗干净，大米用水浸泡 30 分钟；芹菜取茎部，洗净后切碎。
2. 大米和小米一同入锅，加水煮开，倒入芹菜碎，继续煮至粥熟即可。

功效 芹菜二米粥含有丰富的 B 族维生素，可以促进肠胃消化，增进食欲，让宝宝养成爱吃饭的好习惯。

小白菜洋葱粥 开胃消食

材料 大米25克，土豆30克，洋葱10克，小白菜20克。

做法

1. 大米洗净，浸泡30分钟；土豆和洋葱分别洗净，去皮，用婴儿研磨器捣碎；小白菜择洗干净，取菜叶部分剁碎。
2. 锅置火上，放入大米烧开，然后放土豆碎、洋葱碎、小白菜碎转小火煮熟烂即可。

功效 中医认为，洋葱、土豆、小白菜都有解毒之功，这道菜还具有开胃之功，适合胃口不好的宝宝。

二米山药粥 促进消化吸收

材料 山药30克，小米10克，大米15克。

做法

1. 大米和小米分别洗净，大米浸泡30分钟；山药洗净，削皮，切成小块。
2. 锅置火上，倒入适量清水烧开，下入小米煮沸，再放入大米，大火烧开后煮至米粒七八成熟，放入山药块煮至粥熟即可。

功效 此粥容易消化和吸收，健脾养胃之功明显，有助于促进宝宝消化吸收。

玉米胡萝卜粥 提升抗病能力

材料 大米25克，胡萝卜30克，鲜玉米粒15克。

做法

1. 大米洗净，浸泡30分钟；鲜玉米粒用开水烫一下，捣碎；胡萝卜洗净，去皮，切丁。
2. 将大米、胡萝卜丁和鲜玉米碎放入锅中，大火煮开，转小火煮熟即可。

功效 玉米和胡萝卜中都富含胡萝卜素，胡萝卜素在体内转化为维生素A，有促进生长发育，还能提升抗病能力。

爱心提醒

将磨碎的黑芝麻放入此粥中，不仅能补充蛋白质和脂肪，味道也更香。

栗子蔬菜粥 补充多种维生素

材料 大米25克，带壳栗子2个，油菜叶、鲜玉米粒各15克。

做法

1. 大米洗净，浸泡30分钟。
2. 栗子去壳，捣碎；油菜叶切碎；鲜玉米粒洗净，用开水烫一下后捣碎。
3. 将大米、栗子碎和玉米碎放入锅中，加适量清水，大火煮开，转小火煮熟，放油菜碎煮开即可。

功效 这道粥含有碳水化合物、膳食纤维、多种维生素及钙、磷、钾等矿物质，可促进宝宝吸收和利用多种营养素。

芋头红薯粥 增强免疫力，预防便秘

材料 芋头、红薯各 20 克，大米 25 克。

做法

1. 芋头、红薯洗净，去皮，切小块；大米淘洗干净，浸泡 30 分钟。
2. 锅内加适量清水置火上，放入芋头块、红薯块和大米，中火煮沸。
3. 煮沸后，用小火熬至粥稠即可。

功效 芋头中含有多种微量元素，能增强人体的免疫功能；红薯能促进胃肠蠕动，有促排便的作用，可预防宝宝便秘。

荸荠南瓜粥 清热生火、生津润燥

材料 荸荠 20 克，南瓜 25 克，小米、大米各 10 克。

做法

1. 小米和大米淘洗干净，大米浸泡 30 分钟，放入锅中煮开。
2. 荸荠、南瓜分别洗净，去皮，切薄片。
3. 小米和大米煮 15 分钟后，倒入荸荠片继续煮 10 分钟，再放入南瓜片熬成粥即可。

功效 荸荠有清热去火、开胃消食的作用，对于宝宝咽喉干痛、消化不良有很好的效果。与其他材料共煮成粥，还有生津润燥的作用。

芹菜洋葱蛋花汤 预防感冒

材料 鸡蛋1个，洋葱20克，芹菜10克。

调料 玉米淀粉适量。

做法

1. 芹菜洗净，切小段；洋葱洗净，切碎；鸡蛋分离出蛋黄，将其打散。
2. 锅中加水，放入芹菜段和洋葱碎煮开，将蛋黄液慢慢倒入汤中，轻轻搅拌。
3. 玉米淀粉加水搅开，倒入锅中烧开，至汤汁变稠即可。

功效 洋葱、芹菜这些带气味食物，既可疏风散寒，又能杀菌防病。这款汤能增强宝宝抵抗力，预防呼吸道感染。

茄汁土豆泥 补充矿物质

材料 熟土豆泥50克，番茄碎20克，洋葱末10克，熟红豆2颗。

做法

1. 锅置火上，先将番茄碎炒出汁，再放入洋葱末炒香，最后放入熟土豆泥炒匀。
2. 将炒好的三种食物用模型做成动物头的形状，然后用熟红豆做动物的眼睛即可。

功效 能为宝宝提供所必需的多种矿物质，包括钾、磷、钙、铁和镁等。

猪肝拌番茄 补铁

材料　猪肝 20 克，番茄 25 克。

做法

1. 将猪肝外层的薄膜剥掉之后，用凉水将血水泡出，然后煮至熟透并切碎。
2. 番茄在顶部划十字开口，用开水烫一下，随即取出，去皮，切碎。
3. 将切碎的猪肝和番茄拌匀即可。

功效　猪肝富含铁，番茄含维生素 C，二者搭配有利于促进铁吸收。

莲藕猪肉粥 预防贫血

材料　莲藕、猪肉各 20 克，大米 25 克。

做法

1. 莲藕洗净，去皮，切小丁；猪肉洗净，切小丁。
2. 大米洗净，浸泡 30 分钟，然后加水大火煮开，倒入莲藕丁再煮开，转小火再煮 20 分钟。
3. 倒入猪肉粒，煮熟即可。

功效　猪肉富含铁，莲藕可以改善肠胃功能，二者搭配食用有利于宝宝改善肠胃功能，并预防贫血。

牛肉蓉粥 增强免疫力

材料 鲜玉米粒、牛肉各 15 克，大米 25 克。

调料 葱末适量。

做法

1. 牛肉洗净，剁成末，汆水；大米洗净，浸泡 30 分钟；鲜玉米粒洗净。
2. 锅内倒入清水煮沸，放入大米和鲜玉米粒，煮 10 分钟。
3. 放入牛肉末煮沸，转小火熬成粥，出锅前撒上葱末即可。

功效 牛肉中含有丰富的蛋白质，B 族维生素及锌、铁等微量元素，可增强宝宝的免疫力。

鸡丝粥 助消化

材料 熟鸡胸肉 30 克，白粥 40 克，鲜玉米粒 20 克，红椒 15 克。

做法

1. 将熟鸡胸肉撕成小细丝状；鲜玉米粒洗净，煮熟；红椒洗净，去蒂及子，切小粒。
2. 将鲜玉米粒、红椒粒、鸡丝加入白粥中稍煮即可。

功效 鸡肉含有牛磺酸，牛磺酸可以增强人的消化能力，提高人体免疫力。

苹果鸡肉粥 促进大脑、骨骼发育

材料 大米、鸡肉各 20 克，苹果 50 克，香菇 5 克。

做法

1. 大米洗净，浸泡 30 分钟；苹果洗净，去皮和核，用婴儿研磨器压成小丁；香菇用温水泡发，去蒂，放入搅拌机中打碎；鸡肉放入搅拌机打碎。
2. 大米放入锅中，加水煮成粥，加入鸡肉碎、苹果丁、香菇碎用小火煮熟即可。

功效 苹果鸡肉粥中含有锌、磷、铁、钙、不饱和脂肪酸、牛磺酸等，能促进大脑和骨骼发育。

鸡肉馄饨 补充优质蛋白质

材料 鸡肉 50 克，青菜 70 克，馄饨皮 10 张。

调料 鸡汤、葱花各适量。

做法

1. 青菜择洗干净，剁碎；鸡肉洗净，剁碎。
2. 将青菜碎、鸡肉碎搅拌做馅，包入馄饨皮中。
3. 锅中放水和适量鸡汤，烧开，放入馄饨，煮熟后撒上葱花即可。

功效 鸡肉的蛋白质含量较高，且含有不饱和脂肪酸，是宝宝所需蛋白质的较好来源。

爱心提醒

可以根据宝宝的喜好，将青菜换成菠菜、小白菜等。

紫菜鸡蛋粥 **健脑益智**

材料 大米25克，鸡蛋1个，熟芝麻、紫菜各2克。

做法

1. 大米洗净，浸泡30分钟，沥干。
2. 鸡蛋磕开，取1/2蛋黄，搅散；紫菜用剪刀剪碎。
3. 锅中放入大米炒至透明，加入适量水，大火烧开，待小火煮成粥后放入蛋黄，撒上紫菜碎和熟芝麻，煮熟即可。

功效 紫菜鸡蛋粥含有卵磷脂、不饱和脂肪酸等，有助于健脑益智。

蛋黄豌豆糊 **补钙、健脑**

材料 豌豆、大米各20克，鸡蛋1个。

做法

1. 大米用温水浸泡30分钟后；豌豆洗净，煮烂，去皮，用辅食研磨碗捣成泥；鸡蛋洗净，煮熟，取半个蛋黄，用辅食研磨碗压成泥。
2. 锅内倒水置火上，放入大米和豌豆泥一起煮1小时，呈半糊状后，放入蛋黄泥搅匀即可。

功效 此粥含有丰富钙和碳水化合物、卵磷脂等，是补钙的良好来源，同时还有健脑作用。

鱼肉泥 补充 DHA，提高智力

材料 鱼肉 50 克。

做法

1. 将鱼肉洗净，放入沸水中焯烫，剥去鱼皮，挑去鱼刺，再将肉捣碎，用纱布包起来，挤去水分备用。
2. 锅中倒水煮沸，鱼肉放入锅中大火蒸 5 分钟，至鱼肉软烂即可。

功效 鱼肉富含 DHA，可以增强神经细胞的活力，提高宝宝的智力。

苹果胡萝卜小米粥 增强免疫力

材料 苹果 40 克，小米 20 克，胡萝卜 25 克。

做法

1. 苹果洗净，去皮和核，切小块；胡萝卜洗净，切小块；小米淘洗干净。
2. 锅中加水，烧开，倒入小米煮开，加入苹果块和胡萝卜块，继续煮开，转小火熬成粥即可。

功效 苹果含胡萝卜素、维生素 C、维生素 E、钾等多种营养成分，对宝宝生长发育，智力提高和免疫功能的完善有很好的作用。

9 ~ 10 个月育儿难题看这里

突然夜啼

平时睡觉很乖的宝宝，突然夜里哭闹起来。如果哭得不厉害，哄一下就好了。如果宝宝哭了一会儿，不哭了，过一会儿又开始哭，并且哭得比上一次还要厉害，反复几次，大人一定要考虑宝宝是否不舒服，并及时赶往医院。

喂养经验分享

一直很健康的婴儿突然开始大声哭闹，看起来肚子痛得厉害（双腿向腹部屈曲），3 ~ 4 分钟后安静下来，过一会儿又开始哭叫。父母要首先考虑肠套叠。肠套叠往往以这种特有的方式发病。在发病 30 分钟以内，第一目击人必须想到有肠套叠的可能性并及时赶到医院。

宝宝大哭憋气

有些宝宝在生气、害怕、疼痛时会大哭起来，但有时会出现哭声突然中断、呼吸停止、面色青紫的表现，严重的还出现意识丧失、抽风，一般持续几秒钟至 1 分钟即可恢复，这种现象叫“屏气发作”，不需要特殊治疗，随着宝宝的年龄不断长大会自然消失。对有大哭憋气的宝宝，家长可适当“娇惯”一些，尽量让宝宝少发脾气，缓和他的暴躁情绪，以减少或避免憋气发作。

把喂到嘴里的饭菜吐出来

以前喂宝宝吃辅食的时候，可能喂什么宝宝就吃什么，现在宝宝的“个性”越来越强了，会对食品做出选择了。如果是宝宝不喜欢的饭菜，或者宝宝已经吃饱了，就会拒绝。这时候父母不要强迫宝宝进食。

地图舌

有的宝宝舌面上出现一种形状不规则的病变，颜色发红，边缘发白，看上去好像地图，医学上称为地图舌。这是一种原因尚不清楚的舌黏膜病，多见于 6 个月以上的体弱宝宝。地图舌一般没有任何自觉症状，多由家长偶尔发现。地图舌不影响食欲，对健康也无明显影响，所以一般不需要治疗。

11 ~ 12 个月宝宝：添加咀嚼型辅食

11 ~ 12 个月宝宝的身高、体重参考标准

	11 个月宝宝的情况		12 个月宝宝的情况	
	男宝宝	女宝宝	男宝宝	女宝宝
身高正常范围（厘米）	72.7~78.0	71.1~76.4	73.8~79.3	72.3~77.7
体重正常范围（千克）	8.8~11.0	8.3~10.2	9.0~11.2	8.5~10.5

以上数据均来源于原国家卫生部 2009 年公布的《中国 7 岁以下儿童生长发育参照标准》。

11 ~ 12 个月宝宝的变化有哪些

会叫爸妈了

说话早的宝宝这个月已经学会了简单的语言表达，能叫出常见物品的名字，如灯、碗；指出自己的手、眼，还能说简单的双字词，如“再见”“没了”。有的宝宝常说莫名其妙的话，父母也不懂宝宝要说什么。爸爸妈妈听到宝宝在说莫名其妙的词语时，要努力弄懂宝宝说话的意思，然后教给宝宝正确的发音，鼓励宝宝多说话。但要注意一点，大多数宝宝现在还不会说话，不必为 1 岁宝宝不能说话过分担心。

开始迈步走了

宝宝的活动能力增强了，得到锻炼的机会更多了。有的宝宝已经可以自己蹒跚走路了。有的宝宝走路还不稳当，需要大人扶着。如果宝宝现在还不会走路，家长也不要着急，宝宝在 1 岁半的时候会走路也是正常的。

能辨别出陌生人和熟人

这个月龄的宝宝不但可以认识亲人，还能分清陌生人和熟人。如果是经常来串门的人，宝宝会认识，并表现得对他很友好。如果是宝宝没有见过的人或者好久没有见过的人，宝宝就会睁大眼睛看着他，不说话，也不让他抱。

辅食喂养指导

满足 11 个月宝宝的营养需求

第 11 个月的宝宝处于婴儿期最后阶段，是身体生长较为迅速的时期，需要更多碳水化合物、蛋白质和脂肪。

满足 12 个月宝宝的营养需求

第 12 个月的宝宝食物结构有较大的变化，这时食物营养应该更全面和充分，每天的膳食应含有碳水化合物、蛋白质、脂肪、维生素、矿物质和水等营养素。要注意营养均衡，应避免食物种类单一。

固体辅食大约可占宝宝营养来源的 50%

宝宝到 1 岁左右时，基本能熟练地咀嚼食物，能用门牙切断较长的软质食物，应让固体食物占其营养来源的 50%，这样对宝宝咀嚼能力有一定锻炼。咀嚼能使牙龈结实，促进牙齿萌出，还能缓解出牙的不适感。

根据宝宝体质选择水果

宝宝体质	宜选择水果	不宜选择水果
偏热体质	凉性水果：梨、香蕉、猕猴桃、西瓜等	橘子、山楂、鲜枣等
虚寒体质	温热水果：樱桃、荔枝、桂圆、石榴、桃等	哈密瓜、西瓜、柚子、猕猴桃等

每天保证 3 次辅食

根据这个时期的营养需要，每天保证吃 3 次辅食。到 12 个月，宝宝已经逐渐习惯了全家饭菜中的大部分食物。经过指导和训练，宝宝已经准备好与其他的家庭成员一起进餐了。

偏食的宝宝应注意补充营养

虽然我们提倡不偏食，但实际上偏食的情况很常见。为了保证偏食宝宝的营养需求，在矫正偏食的同时要注意补充相应营养。

不爱喝奶的宝宝，要多吃肉蛋类，以补充蛋白质。

不爱吃蔬菜的宝宝，要多吃水果，以补充维生素。

不爱吃主食的宝宝，可适当增加配方奶以提供更多热量。

便秘的宝宝要多吃富含膳食纤维的食物。

培养宝宝进入一日三餐模式

如果已经适应了按时吃饭，那么一日三餐时间最好与家人大致相同。从这时起，就要向把“辅食”当作主食的过渡中，以便宝宝得到更多的营养，并且每次宝宝的辅食量也增多，每次要吃更多种类的食物。

学习用杯子喝水

宝宝 12 个月左右能自己用杯子喝水。开始时杯中可少放些水，教宝宝自己端着往嘴里送，爸妈可适当给予帮助，以后逐渐由宝宝自己来完成。这样对保护牙齿、促进口腔功能发育很有帮助。

处理宝宝喂养问题千篇一律

在母乳和配方奶更替时，很多宝宝都会出现排斥配方奶的情况，为了让宝宝进食，父母不惜更换多种品牌奶粉，甚至奶瓶也一再更换。其实不必紧张，千万不要逼食。对于这种情况，建议父母让宝宝饿一饿，一旦饿了，宝宝自然就吃。

另外，家长也不可一味听信“季节断奶”的说法，延误宝宝对营养的摄取。在给宝宝喂奶的过程中，有些家长过多依靠书本的喂奶量来衡量宝宝的饱足感，忽视了个体差异。宝宝的饱足感要根据他的哭闹、小便次数、体格增加等方面定，不可千篇一律参照书本。

喂养经验分享

1岁以内宝宝，无论从吞咽功能或咀嚼功能来说，都不太成熟。添加辅食是指，在不影响奶量的情况下一天摄入几次辅食，过多摄入辅食，反而对宝宝的消化吸收不利。按照宝宝生长规律，顺其自然，从简单到复杂地添加辅食，才最有利于宝宝健康。

给宝宝喂菜水比白开水好

很多老人（爷爷奶奶、姥爷姥姥）认为菜水比白水好，在给宝宝做辅食时，将食物水煮后，再把菜水让宝宝吃下去，认为这样更有营养。这是一种错误的观点，应该让宝宝多喝白开水，因为喝白开水有助于代谢废物的排泄，能减轻宝宝的肾脏负担。11 ~ 12 个月的宝宝，建议每日喝水总量 1100 ~ 1300 毫升（以每日摄入所有含水分的食品，如白开水、母乳、配方奶等总水量）。

接触成人食物

如果很快就按照成人的标准喂养，会增加宝宝肠道的负担。因为成人的消化道内有很多消化酶，如胰淀粉酶、脂肪酶等，而婴儿体内的这些酶往往还分泌不足或者活性不高，一些适合成人吃的食物，婴幼儿不一定能消化，甚至可能引发消化不良，出现呕吐、腹泻、腹胀等。

另外，成人的食物中往往有色素、香精等添加剂，这也可能会给宝宝造成不良影响。一些高糖高脂的零食还可能导致宝宝出现肥胖等问题。有的宝宝看上去白白胖胖，但检查却发现缺乏各种微量元素，这可能是添加辅食不当造成的。

宝宝辅食推荐

豆腐菠菜软饭 促进骨骼发育

材料 大米 20 克，豆腐 30 克，菠菜 25 克。

调料 排骨汤适量。

做法

1. 大米洗净，浸泡 30 分钟，放入碗中，加适量水，放入蒸屉蒸成软饭。
2. 豆腐洗净，放入开水中焯烫一下，捞出控水后切成碎末；菠菜洗净，焯烫，捞出切碎。
3. 将软饭放入锅中，加适量排骨汤一起煮烂，放入豆腐碎末，再煮 3 分钟左右，起锅时，放入菠菜碎搅匀即可。

功效 豆腐菠菜软饭能为宝宝补充钙、铁、磷等矿物质，可以促进宝宝骨骼的生长发育。

南瓜白菜粥 护眼、健脾胃

材料 南瓜 30 克，大米 25 克，白菜叶 10 克。

做法

1. 南瓜洗净，去皮，去瓤，切成碎粒；白菜叶洗净，切碎；大米淘洗干净，浸泡 30 分钟。
2. 将大米放入电饭煲中，按下“煮粥”键，沸腾时加入南瓜粒、白菜叶碎，煮至稠烂即可。

功效 南瓜中含有较多的胡萝卜素，对宝宝的眼睛发育很有好处。此外，南瓜性温，宝宝常食对脾胃也非常有益。

海带黄瓜饭 预防宝宝便秘

材料 大米20克，海带5克，黄瓜25克。

做法

1. 海带用水浸泡10分钟后捞出来，切成小片。
2. 黄瓜洗净，去皮后切成小丁。
3. 大米洗净，浸泡30分钟，加1000毫升水倒入锅里，煮沸，然后放入海带片和黄瓜丁，用小火煮成软饭即可。

功效 海带中含有大量的膳食纤维，可以调理宝宝的肠胃，预防宝宝便秘。

爱心提醒

将黄瓜洗净、去皮、切成细条，让宝宝拿着吃，是一种非常好的手指食物，既可以勾起宝宝的食欲，还能补充营养。

油菜面 补充B族维生素

材料 挂面、油菜各20克。

调料 葱花5克。

做法

1. 锅置火上，倒入清水烧开，放入挂面煮熟，捞出过凉水，沥干水分，盛入碗中，备用；油菜洗净，放入煮面条的水中焯熟，捞出，切小段。
2. 将油菜段放入盛面条的碗里，撒上葱花拌匀即可。

功效 油菜富含B族维生素，面条富含碳水化合物，二者搭配食用，对宝宝发育有益。

素炒豆腐 改善宝宝食欲

材料 豆腐、香菇各40克，胡萝卜、黄瓜各15克。

做法

1. 豆腐洗净，压碎；香菇洗净，去蒂，切丁；胡萝卜洗净，切丁；黄瓜洗净，切丁。
2. 锅置火上，放适量水，加入香菇丁、黄瓜丁、胡萝卜丁炖熟，再放入豆腐碎翻炒均匀即可。

功效 香菇能改善宝宝食欲，和豆腐一起食用有健脾胃的作用。此外，胡萝卜有利于提高宝宝视力；黄瓜可以清热去火，适合宝宝食用。

红薯拌南瓜 保护脾胃

材料 红薯、南瓜各25克。

做法

1. 红薯洗净，去皮，切方丁，蒸熟；南瓜洗净，去皮，切方丁，蒸熟。
2. 将红薯丁、南瓜丁搅拌在一起即可。

功效 南瓜养胃，红薯促消化，二者搭配食用，对宝宝的肠胃系统有益。

花豆腐 补钙、促进骨骼发育

材料 豆腐50克，青菜叶30克，熟鸡蛋黄1个。

调料 葱姜水适量。

做法

1. 豆腐稍煮，放入碗内碾碎；熟蛋黄碾碎。
2. 青菜叶洗净，开水微烫，切成碎末备用；碗中加入葱姜水，倒入豆腐碎拌匀。
3. 豆腐碎做成方形，撒一层蛋黄碎在豆腐碎上面；再撒一层青菜碎在蛋黄碎上面。
4. 入蒸锅，中火蒸5分钟即可。

功效 豆腐富含优质蛋白质和钙，且比例合适，有利于宝宝吸收，能促进宝宝骨骼发育。

肉末胡萝卜黄瓜丁 改善贫血

材料 猪瘦肉、胡萝卜、黄瓜各25克。

调料 葱末、姜末各3克。

做法

1. 猪瘦肉洗净，切末，放葱末、姜末拌匀；胡萝卜、黄瓜洗净，切丁。
2. 锅内倒油烧热，放入猪瘦肉末煸炒片刻，放入胡萝卜丁，炒1分钟，再放入黄瓜丁稍炒即可。

功效 猪肉纤维较细，含有优质蛋白质和脂肪酸，能提供血红素铁和促进铁吸收的半胱氨酸，有助于改善宝宝缺铁性贫血。

鲜汤小饺子 强身、补铁

材料 小饺子皮 50 克，猪肉末 30 克，白菜 50 克。

调料 鸡汤少许。

做法

1. 白菜洗净，切碎，与猪肉末混合制成饺子馅。
2. 取饺子皮托在手心，把饺子馅放在中间，捏成小饺子即可。
3. 锅内加适量水和鸡汤，大火煮开，放入小饺子，盖上锅盖煮。煮开后揭盖，加入少许凉水，敞着锅继续煮，煮开后再加凉水，如此反复加 3 次凉水后煮开即可。

功效 猪肉含的铁极易被人体吸收和利用。白菜含维生素 C，促进铁的吸收。

冬瓜球肉丸 增强食欲

材料 冬瓜 50 克，肉末 20 克，香菇 5 克。

调料 姜末适量。

做法

1. 冬瓜去皮、去瓤，将冬瓜肉剜成冬瓜球；香菇洗净，切成碎末。
2. 将香菇碎末、肉末、姜末混合，搅拌成肉馅，然后揉成小肉丸。
3. 将冬瓜球和肉丸码在盘子中，上锅蒸熟即可。

功效 冬瓜能清热利尿，适合宝宝夏季食用；猪肉和香菇搭配食用能增强宝宝食欲。

什锦烩饭 促进骨骼发育

材料 牛肉20克，胡萝卜、土豆、洋葱各15克，大米30克，熟鸡蛋黄1个，

调料 牛肉汤少许。

做法

1. 将大米淘洗干净；牛肉冲洗干净，切碎；胡萝卜、土豆洗干净，去皮，切碎；洋葱去外皮，洗净，切碎；熟蛋黄捣碎。
2. 将大米、牛肉碎、胡萝卜碎、土豆碎、洋葱碎、牛肉汤放入电饭锅中焖熟后，加蛋黄碎搅拌即可。

功效 什锦烩饭中含有钙、铁、镁、磷等，促进宝宝骨骼发育。

肉末油菜粥 维持视力健康

材料 大米20克，肉末15克，油菜叶30克。

调料 葱末、姜末各适量。

做法

1. 油菜叶洗净，切碎；大米洗净，浸泡30分钟。
2. 锅中倒入适量水煮开，放入大米，大火煮开，转小火熬煮成粥。
3. 另起锅，放油烧热，炒香葱末、姜末，炒散肉末，放油菜叶碎炒匀，起锅，倒入粥锅中稍煮即可。

功效 油菜叶中的胡萝卜素与肉末的脂肪结合后会生成维生素A，对保护宝宝视力有一定的好处。

玉米燕麦猪肝粥 促进宝宝成长

材料 大米、鲜玉米粒各15克，燕麦、猪肝各10克。

调料 葱花适量。

做法

1. 猪肝洗净，切小丁；大米、燕麦洗净；鲜玉米粒洗净。
2. 大米、燕麦、鲜玉米粒放入锅中煮至八成熟后，加入猪肝丁共煮。
3. 待粥煮熟时，撒上葱花即可。

功效 该粥对宝宝骨骼、大脑、肌肉等方面的完善都非常有益。

双色豆腐 补铁、补钙

材料 豆腐、猪血各40克。

调料 鸡汤、水淀粉各适量。

做法

1. 将猪血、豆腐分别洗净，切成小块，放沸水中充分煮烫，捞出沥干水分，装盘。
2. 锅置火上，放入鸡汤用中火煮，加水淀粉勾芡。
3. 在豆腐和猪血上倒入芡汁即可。

功效 豆腐和猪血营养丰富，含铁、钙、优质蛋白质等，对宝宝缺铁性贫血有一定的辅助治疗效果。

鸡肉木耳粥 增强体力

材料 鸡腿肉25克，干木耳5克，白粥50克。

做法

1. 干木耳用清水泡发，洗净，切成末。
2. 鸡腿肉洗净，切碎。
3. 锅内白粥煮开后，加入鸡腿肉碎，再放入木耳末，中火煮熟即可。

功效 鸡腿肉富含优质蛋白质，给宝宝做粥吃，营养保留更加完整，更容易被宝宝消化吸收，有利于增强宝宝的体力。

鸡蓉汤 促进神经发育

材料 鸡胸肉50克，鸡汤150毫升。

调料 香菜末少许。

做法

1. 将鸡胸肉洗净，剁成鸡肉蓉。
2. 将鸡汤倒锅中，大火烧开，将鸡蓉倒入锅中，用勺子搅开，待煮开后，加入香菜末调味即可。

功效 鸡胸肉中富含B族维生素，对宝宝神经系统的发育有促进作用。

双菇烩蛋黄 促进宝宝智力发育

材料 金针菇、香菇各30克，鸡蛋1个。

调料 鸡汤适量。

做法

1. 金针菇去根，择洗干净，切小段；香菇洗净，切小丁；鸡蛋煮熟，取蛋黄，切半。
2. 锅内加水烧开，倒入金针菇段、香菇丁，稍焯烫。
3. 另取锅置火上，倒入鸡汤烧开，放入金针菇段、香菇丁和蛋黄，炖2分钟即可。

功效 金针菇、香菇含锌量比较高，对增强宝宝智力有良好的作用；蛋黄富含卵磷脂能促进智力发育，两者搭配食用有利于宝宝健脑益智。

鸭肝粥 补铁

材料 鸭肝、番茄、大米各20克。

做法

1. 将鸭肝洗净切成小丁；番茄用开水烫开后去皮切成小块。
2. 大米洗净，浸泡30分钟。
3. 锅中加水和大米，用大火煮开，然后放入鸭肝丁、番茄块，小火煮成黏稠状即可出锅。

功效 鸭肝的含铁量很高，有利于促进宝宝补铁。

薯泥鱼肉羹 **促进生长发育**

材料 土豆 30 克，鳕鱼肉 20 克。

做法

1. 土豆洗净；鳕鱼肉洗净。
2. 土豆放蒸锅中蒸软，去皮，切块；鳕鱼肉放入煮锅中，加冷水没过鱼肉，大火煮熟，捞出。
3. 将蒸熟的土豆和煮熟的鱼肉放入碗中，压碎成泥。
4. 取适量鱼汤倒入土豆、鳕鱼泥中，搅拌均匀成黏稠状即可。

功效 土豆含有丰富的维生素、微量元素；鳕鱼富含蛋白质、维生素 A、维生素 D，因此食用此羹能促进宝宝的生长发育。

胡萝卜小鱼粥 **护眼、强骨健齿**

材料 白粥 30 克，胡萝卜 25 克，小鱼干少许。

做法

1. 胡萝卜洗净，去皮，切末；小鱼干洗净，泡软沥干；将胡萝卜末、小鱼干分别煮软，捞出，沥干。
2. 锅中倒入白粥，加入小鱼干搅匀，最后加入胡萝卜末煮滚即可。

功效 小鱼干富含钙，能促进宝宝骨骼和牙齿的健康发育；搭配上胡萝卜，更能保护宝宝的眼睛。

注：小鱼干选无盐小鱼干。

黑芝麻木瓜粥 补血，促消化

材料 黑芝麻 5 克，大米 20 克，木瓜 30 克。

做法

1. 大米和黑芝麻分别除杂，洗净，大米浸泡 30 分钟；木瓜洗净，去皮，去子，切小块。
2. 大米放入锅中，加水煮 20 分钟，加入木瓜块、黑芝麻，改小火煮 10 分钟即可。

功效 黑芝麻有补血的功效；木瓜对宝宝消化系统有好处，能够促进消化。

百合银耳粥 润肺止咳

材料 百合、银耳各 5 克，大米 20 克。

做法

1. 将百合、银耳放入适量水中浸泡片刻，发好。
2. 大米淘洗干净，浸泡 30 分钟，加水煮粥。
3. 将发好的银耳撕成小块，和百合一起冲洗干净，放入粥中，继续煮，待银耳和百合煮化即可。

功效 银耳滋阴润燥，百合润肺，搭配做成粥给宝宝食用，能预防因天气干燥引起的咳嗽。

苹果桂花粥 促进排便

材料 苹果半个，大米 20 克。

调料 干桂花适量。

做法

1. 苹果洗净，去皮，去核，切小块；大米淘洗干净，浸泡 30 分钟；干桂花洗净，泡开。
2. 锅置火上，加水烧开，放入大米煮至米烂。
3. 加入苹果块、干桂花，煮熟即可。

功效 清热除秽，醒脾悦神，调理饮食不化、积滞肠胃等。适合胃口不好、腹胀嗳气、大便酸臭的宝宝。

水果蛋奶羹 补钙

材料 苹果、香蕉、草莓、桃各 15 克，配方奶 200 毫升，蛋黄 1 个。

做法

1. 将桃、苹果分别洗净，去皮，去核，切小块；草莓洗净，切小块；香蕉去皮，切小块；蛋黄打散。
2. 将配方奶倒入锅中煮至略沸，加入苹果块、桃子块、草莓块、香蕉块煮 1 分钟，淋入蛋液，稍煮即可。

功效 水果蛋奶羹中富含钙，且容易被宝宝消化和吸收，很适合缺钙的宝宝。

香蕉玉米汁 促进宝宝睡眠

材料 香蕉1根，熟玉米粒适量。

做法

1. 香蕉去皮，切块；熟玉米粒洗净。
2. 将熟玉米粒、香蕉块和适量水放入榨汁机中，榨汁即可。

功效 香蕉有安抚神经、镇静的效果，能够促进宝宝睡眠；玉米含有丰富的钙、硒、维生素E等，有利于全面补充营养。

猕猴桃苹果汁 清热降火，润燥通便

材料 猕猴桃100克，苹果20克。

做法

1. 猕猴桃洗净，去皮，切块；苹果洗净，去皮，去核，切块。
2. 猕猴桃块和苹果块一同放入榨汁机中，加适量凉白开，榨成汁，倒入杯中饮用即可。

功效 这道果汁营养丰富，含B族维生素、维生素C等。猕猴桃性寒，能生津止渴、清热降火，润肠通便。

11 ~ 12 个月 育儿难题看这里

爱抓小鸡鸡

有些男宝宝会有抓“小鸡鸡”的现象，有两种可能。一种可能是存在包茎、会阴湿疹等不适，因为瘙痒而抓“小鸡鸡”。另外一种可能是大人的原因导致的，周围的大人经常拿“小鸡鸡”开玩笑，甚至揪宝宝的“小鸡鸡”，他就觉得大家喜欢他的“小鸡鸡”，并模仿大人，自己去抓。

如果发现宝宝喜欢抓“小鸡鸡”，首先要检查是不是出现了包茎或有会阴湿疹，如果是这种情况，要及时治疗。不要给宝宝穿得太多太热，保证穿较宽松的内衣，并保持“小鸡鸡”的清洁卫生。

如果是大人的原因导致的，大人要先改掉自己的毛病，然后再纠正宝宝的不良习惯。不能因此惩罚、责骂或讥笑宝宝。尽量把宝宝的注意力转移到其他方面上去，分散他的注意力。只要耐心诱导并适当地进行教育，大部分宝宝会随着年龄的增长改掉这个毛病。

踮着脚尖走路

宝宝出生后下肢伸肌张力高于屈肌，所以宝宝站立初期会脚尖着地。对于脚尖着地时，一般不建议宝宝站立，以免肌肉和骨骼发育出现问题，也不利于正常走路。另外，不要托着宝宝走路，以免造成踮着脚尖走路的习惯，影响下肢肌肉的发育。如果超过 1 岁的宝宝仍然存在踮着脚尖走路的现象，应该带他到医院做检查。

非疾病性厌食

对于宝宝来说，由于疾病引起的厌食并不多见。不良的饮食习惯和喂养方式导致的非疾病性厌食，偶尔发生是最常见的情况。但有些宝宝长期厌食，检查没有病理改变，家长就要从自身找原因了。

对于非疾病性厌食，首先要改变烹饪方式，变着花样做辅食，让宝宝换换口味，这样有利于保持旺盛的食欲，也有利于肠胃的消化吸收。

其次，让宝宝养成良好的进食习惯，到了吃饭的时间和环境，宝宝意识到要吃饭了，并愿意配合做吃饭准备。父母同宝宝一起进餐，可营造一种和睦、轻松、愉快的氛围，好的情绪有助于促进宝宝胃肠道消化酶的分泌和活性的提高。

对确有厌食表现的宝宝，父母要给予宝宝关心与爱护，鼓励宝宝进食，切莫在宝宝面前显露出焦虑不安、忧心忡忡，更不要唠唠叨叨让宝宝进食。另外，还要保证宝宝睡眠充足、充足的户外活动、按时排便，这也有利于改善厌食。

13 ~ 18 个月宝宝：添加软烂型辅食

13 ~ 18 个月宝宝的身高、体重参考标准

	13 ~ 18 个月宝宝的情况	
	男宝宝	女宝宝
身高正常范围（厘米）	74.5~85.8	73.5~84.6
体重正常范围（千克）	9.2~12.6	8.6~11.9

以上数据均来源于原国家卫生部 2009 年公布的《中国 7 岁以下儿童生长发育参照标准》。

13 ~ 18 个月宝宝的变化有哪些

词汇量增加极快

宝宝会说自己的小名，会背简单的数字，如 1、2、3 等，大人说儿歌时会接最后 2 ~ 3 个字。语言表达也越来越清晰：渴了会清楚地和妈妈说“水”；饿了会清晰地说“饿”或“吃”；需要帮助时，会清晰地叫“妈妈”。

能用杯子喝水

现在宝宝能自己用杯子喝水。虽然会流出很多，但大部分水是会喝到肚子里的，大人要适当地给予鼓励。把水洒在衣服上、脖子里、地上，都不是什么大事，爸爸妈妈不必责备宝宝。

喜欢到户外玩耍

宝宝主动到户外玩耍、做游戏，喜欢到小朋友多的地方玩，但一般还是各自玩耍，互不交流。

精细动作的发展

宝宝能一次性地将书翻 2 ~ 3 页，还会把瓶盖打开又盖上。

辅食喂养指导

满足 1 ~ 1.5 岁宝宝的营养需求

宝宝在此时仍然是以乳类食物为主向以普通食物为主转化的阶段，不要人为加快转化的速度，一定要让宝宝慢慢接受固体食物。虽然宝宝每天的食谱与成人食物差别越来越小，但也要将食物做得细软，方便宝宝食用和消化吸收。

在此阶段，要保证每日摄入奶 500 毫升、鸡蛋 1 个、肉禽鱼 50 ~ 75 克、谷物类（软饭、面条、馒头、含铁米粉等）50 ~ 100 克、水果 100 克、蔬菜 100 ~ 200 克、油 15 克，从而满足宝宝生长发育的需要。此阶段可适量地通过早晚补充母乳和 / 或配方奶来增加宝宝的营养，一般一天进餐 3 次，加餐上下午各 1 次，晚饭后除母乳和 / 或配方奶外最好不再进食，以预防龋齿。早晚刷牙是预防龋齿的重要手段。

挑选淡口味的食物给宝宝

宝宝 1 岁以后可以吃大人吃的大部分食物。但是在为宝宝选择食物时应该是少盐、少糖、少刺激的淡口味食物，并做成宝宝容易咀嚼的软硬度和大小。宝宝到 16 个月时可以无异常地消化软饭，还可以吃米饭，而且对以饭、汤、菜组成的大人食物比较感兴趣，但还不能直接食用大人吃的食物。这时候仍然要单独给宝宝做辅食。

宝宝能吃多少就吃多少

在婴幼儿饮食的过渡期中，要教宝宝用勺子吃饭的方法。在这个时期，宝宝吃饭容易分心，可以把吃饭的时间规定在 30 分钟以内，要是超过了时间，就把饭菜撤掉。宝宝在这个时间段身高和体重增长速度可能会有所减慢，显得比较瘦。其实，不用为宝宝不吃东西而过分担心，宝宝吃多少就给多少即可。如果强行给宝宝吃得太多，反而会引发厌食。另外，如果突然增加食量，也会给肠胃带来负担。

开始逐渐尝试牛奶及奶制品

《中国居民膳食指南（2016）》中指出：普通鲜奶、酸奶、奶酪等的蛋白质和矿物质含量远高于母乳，增加婴幼儿肾脏负担，故不宜喂给 0 ～ 12 月龄婴儿。13 ～ 24 月龄幼儿可以将其作为食物多样化的一部分而逐渐尝试，但建议少量进食为宜，不能以此完全替代母乳和 / 或配方奶。

首选全脂牛奶

世卫组织《6 ～ 24 月非母乳喂养指南》中指出：全脂牛奶在生命的头 2 年很重要；不推荐将脱脂牛奶作为 2 岁以内的儿童主要食物，因为不含必需的脂肪酸，缺乏脂溶性维生素并且肾负荷较高。

1 岁后的宝宝首选全脂牛奶，因为脂肪对大脑成长发育很关键。美国儿科协会提出了新的观点：如果你的宝宝体重没有超标，即生长曲线没有超过 98%（WHO 数据库），同时家族没有肥胖、高脂血症或者心脏遗传病史，那建议 1 岁以后吃全脂牛奶。如果宝宝符合以上任何一条，那建议 1 岁以后吃减脂牛奶。

添加奶制品的方式

慢慢尝试

一开始可以在宝宝现有的配方奶里混一点牛奶，逐步增加牛奶的比例，2 岁后慢慢过渡到全部牛奶。以让宝宝有个逐渐适应的过程。

寻找替代品

酸奶和奶酪是对于不爱喝牛奶的宝宝很好的替代品，一般酸奶的接受度会很高。一开始给宝宝喝酸奶量要少，而且最好隔一两天喝一次。

“混水摸鱼”

把水果和奶放进搅拌机打，作为点心加餐。

开始尝试调味料

每天都吃过于清淡的食物，宝宝都不高兴吃了。父母可以适当地给宝宝辅食添加一点调料。可是面临加调料，父母又犯难了，到底该如何加调料才能既营养又健康？

酱油添加需注意

酱油每次加1~2滴就可以了。不过酱油是以大豆为原料，开始给宝宝吃要仔细观察宝宝是否对酱油过敏。

少量加糖

一般情况下，如果以谷类为主食，宝宝每天从食物中得到的碳水化合物已经基本满足了身体的需要。不过为了调节口味，吃少量的糖在这个阶段是没问题的，前提是数量一定要少。

吃酿造醋

食醋分为酿造醋和配制醋，一般建议买酿造醋。酿造醋指的是用优质粮食经过发酵制成的食醋，含有丰富的B族维生素和矿物质，但价格比较高。此外，白醋的营养价值比有色醋低，所以也可以用米醋、陈醋等替代白醋。买醋的时候要认真看商标，买知名品牌的醋，也要注意不要错手买了配制醋了。

吃盐需要小心点

当宝宝到了1岁，就可以加一点盐了，但一定要少。根据《中国居民膳食指南（2016版）》的相关规定，3岁以下宝宝每天食盐不超过3克。家长不要用成人的口味作为标尺。宝宝的食物要单独做，不要让他过早和家人吃相同的菜，否则对他来说饭菜里的食盐含量就太多了。

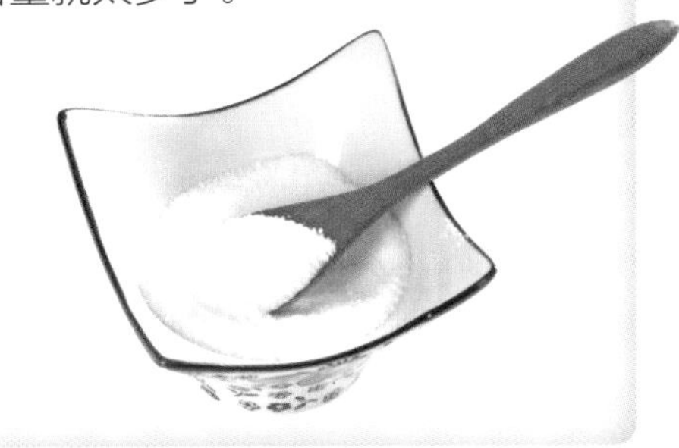

出现厌食现象过于担心

比较之前，宝宝的食量不但没有增加，还有所下降，甚至出现了“厌食”。往往是因为这段时间由辅食向主食过渡，导致宝宝的肠胃疲劳，需要适应一段时间。爸爸妈妈不必过于担心。

在这一期间，有些宝宝更偏爱喝奶，这也没什么问题，母乳或配方奶足以提供足够的营养。过了这段厌食期，宝宝就会重新爱上吃饭的。

为宝宝提供含铅量高的食品

铅中毒是由于体内铅含量超标引起的一种严重影响健康的疾病。铅是一种重金属毒物，主要损害神经系统、造血系统和消化系统，对宝宝的身体发育和智力发育都有不利影响。

含铅量高的食品有膨化食品、松花蛋、罐装食品或饮料等。需注意，有些罐装食品或饮料的罐，是用含铅的锡焊接的。长期用这种罐子贮存或盛放食品，铅容易析出进入食品中。

妈妈要避免为宝宝提供膨化食品、松花蛋等含铅量高的食品。

巧克力、奶油蛋糕过量

炸薯条、巧克力，以及奶油蛋糕等的热量非常高，脂肪量过高，是造成儿童肥胖症的一个重要原因。这些高热量食物还可以引发内分泌紊乱，可能导致儿童性早熟，尽量不给宝宝吃。

常食儿童酱油

儿童酱油的成分与普通酱油基本相同，都含谷氨酸钠、呈味核苷酸二钠、山梨酸钾和其他一些添加剂。

酱油等食用调料是否需要按年龄结构来区分对待呢？其实，酱油等食用调料没有必要按年龄区分开，因为酱油主要是以大豆、小麦等原料，经过预处理、制曲、发酵、浸出淋油及加热配制等工艺生产出来的调味品，主要包括氨基酸、酸类等营养成分。当然，酱油中还会有防腐剂等添加剂，也就是说，儿童酱油与成人酱油没太多区别，含盐量并不少。

宝宝辅食推荐

枣花卷 促进宝宝成长

材料 面粉 100 克，红枣 10 克，发酵粉 1 克。

做法

1. 面粉、发酵粉加水和成面团，面团发酵好后要揉透，然后搓成长条，揪成剂子，擀成长饼，并刷一层食用油。
2. 把面饼卷起，两头各放一颗枣，入锅蒸熟即可。

功效 枣花卷容易消化和吸收，促进宝宝成长。

蔬菜饼 补充维生素

材料 圆白菜、胡萝卜各 30 克，豌豆 20 克，面粉 50 克，鸡蛋 1 个。

做法

1. 将面粉、鸡蛋和适量水搅成面糊。
2. 圆白菜、胡萝卜洗净，切细丝，与豌豆一起放入沸水中焯烫一下，捞出，沥干，和入面糊中。
3. 将面糊分数次放入煎锅中，煎成两面金黄色的饼即可。

功效 蔬菜饼中含有胡萝卜素、B 族维生素、维生素 C、膳食纤维等，有利于补充维生素。

爱心饭卷 预防缺铁性贫血

材料 米饭50克，干紫菜5克，黄瓜30克，鳗鱼20克，胡萝卜适量。

调料 盐适量。

做法

1. 黄瓜切成长方形的小条；胡萝卜切小条；鳗鱼切片后蒸熟用盐调味。
2. 保鲜膜平铺开，均匀地铺上一层米饭，压紧，再铺上一层紫菜，摆上黄瓜条、胡萝卜条、鳗鱼片，将保鲜膜慢慢卷起，卷的时候要捏紧，切段。
3. 现吃现做即可。

功效 爱心饭卷中富含铁、优质蛋白质、维生素C等，能预防缺铁性贫血。

香菇胡萝卜面 保护眼睛

材料 无盐面条20克，香菇、胡萝卜各15克，油菜30克。

做法

1. 油菜洗净，分开每一片叶子，切段；香菇、胡萝卜洗净，切小片；去除面条外面那层防黏淀粉。
2. 锅内倒油烧至五成热，放入胡萝卜片、香菇片、油菜叶略炒，加足量清水，大火烧开。
3. 面条放入锅中煮熟即可。

功效 中医认为，“肝开窍于目”，眼睛与肝脏密切关联，香菇有助于养肝；胡萝卜和菜心富含胡萝卜素，在体内能转为维生素A，有助于视力发育。

黑芝麻南瓜饭 润肠通便

材料 大米30克，南瓜20克，黑芝麻5克。

做法

1. 大米洗净；南瓜洗净，去皮，去瓤，切成丁；黑芝麻洗净后，炒干、捣碎。
2. 把大米、南瓜丁、黑芝麻碎倒入锅里，一起煮成软饭即可。

功效 南瓜中的膳食纤维能加速肠胃蠕动，黑芝麻富含油脂，两者搭配食用，对宝宝润肠通便有一定的好处。

胡萝卜炒饭 促进宝宝生长

材料 胡萝卜20克，干香菇10克，米饭50克。

调料 酱油、白糖各少许，葱花、姜片各3克。

做法

1. 胡萝卜洗净，切丁；干香菇用温水泡发，切丁。
2. 把酱油、白糖、葱花、姜片放入小汤锅中混合均匀，加热烧开收汁，制成甜酱油，离火过滤待用。
3. 大火烧热炒锅中的油，加入香菇丁、胡萝卜丁翻炒片刻，倒入米饭炒匀，调入甜酱油拌匀即可。

功效 这道饭含碳水化合物、胡萝卜素、钙、铁等，能促进宝宝生长发育。

三明治 强健骨骼

材料 全麦吐司1片，生菜、番茄各20克，水煮蛋1个。

调料 沙拉酱少许。

做法

1. 将全麦吐司先切边，再沿对角线切成等份的三角形。
2. 生菜和番茄洗净，番茄切成薄片；水煮蛋剥去蛋壳，切片。
3. 将沙拉酱抹在两片全麦吐司上，一片铺在下面，加入生菜、番茄片和水煮蛋片，再覆盖上另一片全麦吐司即可。

功效 三明治中含优质蛋白质、铁、镁、钙等，能强健骨骼。

白萝卜紫菜汤 增强免疫力

材料 白萝卜50克，紫菜3克。

调料 盐1克，香油适量。

做法

1. 白萝卜洗净，去皮，切成两半，再切成半圆形薄片，紫菜撕小片。
2. 锅内加适量清水烧开，放入白萝卜片煮10分钟，加盐、紫菜稍煮，放入香油即可。

功效 白萝卜具有祛痰润肺的作用，其所含的有机芥子油苷有杀菌的作用，且维生素C的含量较高，能增强宝宝免疫力。

虾仁菜花 补充优质蛋白质和钙

材料 菜花 80 克，虾仁 30 克。

调料 水淀粉 3 克，盐 1 克。

做法

1. 虾仁洗净，切小块，加水淀粉拌匀，腌渍 15 分钟。
2. 菜花洗净，掰成小朵，放入沸水中焯烫 2 分钟，捞出。
3. 锅内倒油烧热，放入虾仁块翻炒至变色，放入菜花翻炒，调入盐即可。

功效 虾仁菜花营养丰富，富含优质蛋白质、维生素 C 及钙、铁、锌等。

油菜蛋羹 促进大脑发育

材料 鸡蛋 1 个，油菜叶 30 克，猪瘦肉 20 克。

调料 盐 1 克，葱末 3 克，香油少许。

做法

1. 油菜叶、猪瘦肉分别洗净，油菜叶切碎，猪瘦肉剁馅。
2. 鸡蛋磕入碗中，打散，加入油菜碎、猪瘦肉馅、盐、葱末、适量凉白开，搅拌均匀。
3. 蒸锅置火上，加适量清水煮沸，将混合蛋液放入蒸锅中，用中火蒸 6 ~ 8 分钟，淋上香油即可。

功效 蛋黄中含有一种非常重要的物质——卵磷脂，对宝宝大脑发育有益。

红薯蛋挞 促进成长

材料 红薯80克，鸡蛋黄2个，奶油20克。

做法

1. 红薯洗净，蒸熟，去皮，压成泥，加入蛋黄、奶油拌匀。
2. 把调好的红薯蛋黄糊舀到蛋挞模型里，放入预热180℃的烤箱里烤15分钟即可。

功效 红薯富含膳食纤维，能促进食物消化吸收，蛋黄营养价值全面，奶油富含脂肪，三者搭配食用，可以促进宝宝全面生长发育。

干贝蒸蛋 补锌、健脑

材料 鸡蛋1个，干贝10克。

调料 葱末3克。

做法

1. 干贝洗净，泡软后撕碎；鸡蛋打散。
2. 将干贝碎连同泡汁一同加入鸡蛋液中拌匀，放入蒸笼以小火蒸10分钟。
3. 在蒸好的蛋中，撒上葱花即可。

功效 干贝含有硒、钙、锌等；鸡蛋含有卵磷脂和优质蛋白质，具有健脑益智的功效。两者搭配食用，可以增进神经系统的功能。

番茄鱼糊 健脑益智

材料 三文鱼50克，番茄70克，菜汤适量。

做法

1. 将三文鱼去皮、刺，剁成碎末；番茄用开水烫一下，去皮、蒂，切成碎末。
2. 将准备好的菜汤倒入锅里，再加入鱼碎末煮熟，然后加入切碎的番茄，用小火煮至糊状即可。

功效 三文鱼中含有DHA，对宝宝智力和视力系统的良好发育具有很好的作用。

鱼肉豆芽粥 促进智力发育

材料 大米25克，去刺鱼肉30克，豆芽、洋葱各20克。

调料 葱花3克。

做法

1. 大米淘洗干净，浸泡30分钟；鱼肉捣碎；豆芽头部捣碎，茎部切成5毫米的小丁；洋葱洗净，切碎。
2. 把大米放入开水锅中煮约20分钟，放入鱼肉碎、豆芽丁、洋葱碎小火充分煮开，煮至粥烂，撒上葱花即可。

功效 鱼肉豆芽粥中所含的维生素C、维生素E、不饱和脂肪酸等，可以促进宝宝智力的发育，适合宝宝食用。

山楂红枣汁 消食化滞

材料 山楂、红枣各 60 克。

调料 冰糖少许。

做法

1. 山楂、红枣分别洗净，去核，切碎。
2. 将山楂碎、红枣碎、冰糖和适量水放入榨汁机中搅打，打好后倒入杯中，搅拌均匀即可。

功效 此汁有很好的消食化滞、促进食欲的作用，适合宝宝饮用。

香蕉泥拌红薯 提高宝宝食欲

材料 红薯 50 克，香蕉 30 克，原味酸奶 1/2 杯。

做法

1. 红薯洗净，加适量清水煮熟，去皮，切小块，放入盘中；香蕉用勺子压成泥。
2. 香蕉泥中加入原味酸奶，倒入红薯块中，搅拌均匀即可。

功效 红薯、香蕉与酸奶三者搭配给宝宝食用，可以提高宝宝的食欲，并能为宝宝的大脑发育提供能量。

19 ~ 24 个月宝宝：独立用勺吃饭

19 ~ 24 个月宝宝的身高、体重参考标准

	19 ~ 24 个月宝宝的情况	
	男宝宝	女宝宝
身高正常范围（厘米）	80.5~92.1	79.5~90.7
体重正常范围（千克）	10.2~14.0	9.7~13.3

以上数据均来源于原国家卫生部 2009 年公布的《中国 7 岁以下儿童生长发育参照标准》。

19 ~ 24 个月宝宝的变化有哪些

能用简单的句子说话

宝宝会说 2 ~ 3 字构成的句子；能指出简单的人、物名和图片；能表达喜、怒、怕、懂。

步态更稳了

宝宝走路变得更加娴熟，双脚靠得更近，步态更稳了。2 岁时能双脚跳。

能完成简单的动作

宝宝能完成简单的动作，如拾起地上的物品；宝宝手的动作更准确，会用勺子吃饭了。

我的意识越来越强

宝宝开始动脑筋，别人不能轻易拿走他的东西。如果有人和宝宝要他手里的苹果，他会说："脏，没洗"等，然后把苹果藏在身后，满脸严肃。这并不是宝宝小气，而是有了"我的"意识，爸爸妈妈应该为此高兴。

会独立玩耍了

18 个月时逐渐有自我控制能力，只要有熟悉的人在旁边可独自玩耍很久；2 岁时不再认生，易与父母分开。

辅食喂养指导

满足 19 ~ 24 个月宝宝的营养需求

19 ~ 24 个月的宝宝胃容量仍然有限，适宜少食多餐，给宝宝在三餐后分两次加餐。在此阶段，仍然每日摄入奶 500 毫升、鸡蛋 1 个、肉禽鱼 50 ~ 75 克、谷物类（软饭、面条、馒头）50 ~ 100 克、水果 100 克、蔬菜 100 ~ 200 克、油 15 克，以满足宝宝的营养需要。

注意尝试不同种类的蔬果，增加进食量，还应注意给宝宝的主食中粗粮、细粮搭配，这样可以避免 B 族维生素的缺乏。适量摄入动植物蛋白，可选用肉粒、鱼丸、鸡蛋羹、豆腐等食物。

每天安排 2 次加餐

加餐一定要适量，而且不能距离正餐太近，一般选在上午 10 点、下午 3 点，不要影响宝宝正餐的进食量。最好选择水果、全麦饼干、面包、坚果等食品，并且要经常更换口味。

母乳退居“次要地位”

如果个人条件允许，愿意坚持母乳喂养至 2 岁或更大，也没有什么问题。但母乳这时候已经不是宝宝食物选择的主角，一定要让宝宝养成饮食均衡，摄取多样化食物的好习惯。

在一些营养调查中发现，贫困地区母乳喂养的比例很高，但其中有的家庭机械地认为“母乳营养最好”，而不注重科学添加辅食，并因此造成了不少儿童严重营养不良的情况。

这个时候，宝宝就有了强烈的动手愿望，从内心排斥“饭来张口”。父母要做的是给他属于自己的餐具，让他自己动手。

培养宝宝独立吃饭

添加辅食的最终目的，是让宝宝的饮食逐渐转变为成人的饮食模式，因此鼓励 13 ~ 24 月龄幼儿尝试家庭食物，并在满 24 月龄后与家人一起进食。当然，并不是所有的家庭食物都适合 13 ~ 24 月龄的宝宝，经过腌、熏、卤制，重油、甜腻、辛辣刺激的高盐、高糖、刺激性重口味食物均不适合。

这时候宝宝可以用小勺自己吃饭，但将饭粒撒得周围一片狼藉。应给宝宝准备不怕摔的小碗和小勺，试着在宝宝的碗中放少量食物，让宝宝学着用小勺吃饭。随着手眼协调能力的提高和手的精细动作的发育，经过一段时间的练习，宝宝自然就能用小勺自主进食并较少弄撒了。

从小注重宝宝良好饮食习惯的培养

饮食习惯不仅关系到宝宝的身体健康，而且关系到宝宝的日常行为习惯，家长应给予足够的重视。对宝宝来讲，良好的饮食习惯包括这几个方面。

饭前做好就餐准备

按时停止活动，洗净双手，安静地坐在固定的位置等候就餐。

吃饭时间不宜过长，一般不超过 30 分钟

如果宝宝边吃边玩，就要及时结束进餐，且告诉宝宝进餐结束了。然后收拾餐具，千万不能让宝宝把进餐和游戏画上等号。

进餐时要关掉电视

家人应该给宝宝创造愉悦的进餐环境，尤其是吃饭时不要边看电视边吃，也不要边逗宝宝边吃饭。如果进餐时开着电视，家人会专注于电视，而忽略与宝宝沟通，也会让宝宝养成边看电视边吃饭的不良习惯。

饭后洗手漱口

吃完饭，家人带着宝宝洗手，并和宝宝一起用温水漱口。

用花椒调味

花椒作为一种常见的调味品，并不建议 1 ~ 2 岁的宝宝食用。一方面，花椒容易消耗肠道水分而使消化液分泌减少，因此导致便秘；另一方面，宝宝的味蕾很敏感，花椒的口味太重，食用过多易造成宝宝口味偏重，不利于宝宝健康。因此，2 岁以内的宝宝最好不食用花椒。

常吃高糖食品

糖摄入过量会增加宝宝龋齿的机会。大量果糖在肝脏中代谢为脂肪，致使宝宝因热量过剩而变胖。如果宝宝过量吃甜食，可能消耗大量钙质，导致宝宝缺钙，影响生长发育。

另外，常吃高糖食品，会使宝宝味觉发生改变，对淡口味食物失去兴趣，必须吃那些重口味食物，这样宝宝就越来越离不开甜食，患上甜食依赖症。

所以，在为宝宝挑选辅食或零食时，一定要注意食品包装上的含糖量，尽量为宝宝挑选含糖量低的食品。

宝宝辅食推荐

玉米面发糕 补充体力

材料 面粉35克，玉米面15克，酵母适量。

做法

1. 酵母用35℃的温水化开调匀。
2. 面粉和玉米面倒入盆中，搅拌均匀，慢慢地加入酵母水和适量清水，搅拌成面糊，醒发30分钟。
3. 面糊放入水烧沸的蒸锅内，蒸15 ~ 20分钟；取出，切片食用。

功效 玉米面发糕易消化与吸收，能为宝宝迅速补充碳水化合物，而玉米面参与能量代谢，能增强体力、滋补强身。

小米黄豆面蜂糕 促进宝宝成长

材料 小米面30克，黄豆面15克，酵母适量。

做法

1. 用35℃左右的温水将酵母化开并调匀；小米面、黄豆面放入盆内，加入温水和酵母水，和成较软的面团，醒发20分钟。
2. 屉布浸湿后铺在屉上，放入面团，用手抹平，将屉放在水烧沸的蒸锅内，中火蒸20分钟，取出。
3. 蒸熟的蜂糕扣在案板上，凉凉，切块食用。

功效 小米黄豆面蜂糕易消化与吸收，促进宝宝成长。

小米黄豆面煎饼 补充能量

材料 小米面 30 克，黄豆面 20 克，干酵母 1 克。

做法

1. 将小米面、黄豆面和干酵母放入面盆中，混合均匀，倒入温水，搅拌成均匀无颗粒的糊状；加盖醒发 4 小时，将发酵好的面糊再次搅拌均匀。
2. 锅内倒植物油，烧至四成热，用汤勺分次舀入面糊，使其自然形成圆饼状，转小火，将饼煎至两面金黄色；出锅，切小块即可。

功效 小米面富含 B 族维生素，能为宝宝迅速补充能量；黄豆面富含钙。

小猫红薯山药泥 提高宝宝免疫力

材料 山药 50 克，红薯 40 克，胡萝卜 10 克，海苔少许。

做法

1. 山药洗净；红薯洗净；胡萝卜洗净，切薄片。
2. 将带皮山药、红薯、胡萝卜片上锅蒸熟，将胡萝卜片取出；山药、红薯去皮。
3. 用研磨器把红薯和山药一起磨成泥，填入小猫模具中压出猫状。
4. 用部分胡萝卜放在小花猫的头部做装饰（如左图），剩下胡萝卜做成星星、月亮、小鱼等形状装饰盘子四周，用海苔剪成小猫的眼睛、鼻子、嘴、胡须放在相应位置。

功效 有利于提高宝宝的免疫力。

核桃南瓜玉米浆 养脾胃、健脑

材料 南瓜50克，鲜玉米粒30克，核桃仁适量。

做法

1. 南瓜洗净，切成小块，蒸熟，取出；鲜玉米粒煮熟。
2. 南瓜、鲜玉米粒、核桃仁放入榨汁机中，加入200毫升凉白开，搅打均匀即可。

功效 南瓜和玉米都能健脾养胃；玉米中的维生素E、核桃仁中的不饱和脂肪酸都能健脑，有利于宝宝健康。

爱心提醒

核桃仁可能致敏，给宝宝添加时需注意。

奶油菠菜 维护宝宝视力

材料 菠菜叶50克，奶油10克。

调料 盐、黄油各少许。

做法

1. 菠菜叶洗净，用沸水焯烫，切碎。
2. 锅置火上，放少量黄油，烧热后放入奶油，使其化开；放入菠菜碎，煮2分钟至熟，加少量盐调味即可。

功效 菠菜叶中富含胡萝卜素，与奶油中的油脂结合，在宝宝体内能转化为维生素A，从而保护眼睛视力。

爱心提醒

在焯菠菜的水中加少许盐和食用油，焯出的菠菜碧绿，不发黄。

三鲜小馄饨 促进智力发育

材料 河虾20克，猪腿肉30克，鸡蛋1个，小馄饨皮适量。

调料 葱花、盐各少许。

做法

1. 河虾入开水锅中煮熟，剥出虾肉；猪腿肉剁碎，和虾肉一起放入盆中拌匀，加盐，打入鸡蛋，再拌匀。
2. 将馅料用小馄饨皮包成馄饨，煮熟，撒入葱花即可。

功效 河虾中含有不饱和脂肪酸、锌等，有助于健脑益智；鸡蛋中的卵磷脂、甘油三酯、胆固醇和卵黄素，对神经系统和身体发育有很大的作用。

猪肉葱香饼 补充维生素 B_1

材料 面粉100克，猪瘦肉30克。

调料 葱碎、香油、盐、植物油各适量。

做法

1. 猪瘦肉洗净，切末，用香油、盐腌渍30分钟，加入葱碎制成馅料。
2. 面粉加入适量温水，揉成面团，盖保鲜膜，醒发20分钟；面团揉光滑，切成剂子，按扁，包入馅料，擀成薄饼。
3. 平底锅中倒油，抹匀，放入薄饼，小火煎至两面金黄色即可。

功效 猪肉中富含维生素 B_1，有增进食欲的作用。

肉末海带面 **补充矿物质**

材料 细面条30克，海带丝15克，猪肉末20克。

调料 盐、酱油、葱末各适量。

做法

1. 海带丝洗净；猪肉末加酱油、葱末拌匀。
2. 锅中加水煮沸，放入细面条，用中火煮熟，捞出，沥水。
3. 另取一锅置火上，倒入植物油烧热，下入肉末，大火煸炒片刻，加适量清水、海带丝，转小火煮10分钟，再放入煮好的面条，加盐调味即可。

功效 海带富含碘、铁、钙等；猪肉含铁，有利于补充矿物质。

肉末豇豆手擀面 **均衡营养**

材料 豇豆30克，五花肉馅25克，手擀面40克。

调料 葱末3克，盐1克。

做法

1. 豇豆洗净，切成碎末备用。
2. 锅中倒油烧热，放入葱末爆香，放入五花肉馅炒至变色。
3. 放入豇豆碎末，加适量盐翻炒，倒入开水没过食材，转中火继续煮至水快烧干，关火，盛出制成卤。
4. 将手擀面煮熟，捞到碗中，加入菜卤拌匀即可。

功效 这道菜含B族维生素、铁、钙、蛋白质等。

五彩煎蛋 促进生长发育

材料 鸡蛋 1 个，菠菜 1 棵，番茄、土豆各 1/2 个，洋葱 20 克，配方奶 50 毫升。

做法

1. 番茄洗净，开水焯烫，去皮，切碎；菠菜洗净，用热水焯一下，切碎；洋葱去外皮，洗净，切碎；土豆洗净，蒸熟后去皮，切块，用汤匙碾压成泥；鸡蛋在碗里打散，加入配方奶，搅拌均匀。
2. 平底锅放油烧热，下入土豆泥、菠菜碎、洋葱碎和番茄碎，翻炒 1 分钟至出香味，淋入蛋奶，煎 1 分钟，炒散即可。

功效 富含多种营养素，易消化与吸收，促进宝宝生长发育。

香菇蒸蛋 增强免疫力

材料 鸡蛋 1 个，干香菇 5 克。

调料 凉拌酱油少许。

做法

1. 将干香菇泡水，沥干，去蒂，切成细粒。
2. 鸡蛋打散，加适量水和香菇粒搅匀。
3. 放入蒸锅中，蒸 8 ~ 10 分钟端出，淋入凉拌酱油即可。

功效 香菇蒸蛋能增强宝宝的抵抗力，帮助预防感冒。

爱心提醒

蒸蛋很适合宝宝食用，可以搭配不同的时蔬在里面，既营养又美味。

奶酪炒鸡蛋 增强免疫力

材料 婴儿用奶酪 1/4 片，鸡蛋 1 个。

调料 黄油 5 克，牛奶 15 毫升，橄榄油少许。

做法

1. 将婴儿用奶酪捣碎；鸡蛋搅成蛋液。
2. 黄油蒸化后和奶酪、鸡蛋液、牛奶一起充分搅拌成汁液。
3. 煎锅中放橄榄油烧热，放入搅好的汁液，用木勺边搅边炒，炒熟后关火盛出即可。

功效 鸡蛋中的蛋白质可促进肝细胞的再生，增强机体的代谢功能和免疫功能；奶酪富含钙，有利于补钙。

水果豆腐 增强免疫力

材料 嫩豆腐 30 克，草莓、番茄各 15 克，橘子 3 瓣。

做法

1. 嫩豆腐洗净，倒入开水锅中煮熟，捞出。
2. 草莓洗净，去蒂，切小块；橘子切小块；番茄洗净，去皮、去子，切小块。
3. 将嫩豆腐、草莓块、橘子块、番茄块放入碗中，拌匀即可。

功效 豆腐含有丰富的蛋白质和不饱和脂肪酸，热量较低，且不含胆固醇，宝宝常吃豆腐可以提高身体免疫力。

水果沙拉 补充铁锌钙

材料 苹果 50 克，橙子 1 瓣，葡萄干 5 克，酸奶 15 毫升。

做法

1. 苹果洗净，去皮和核，切小块；葡萄干泡软；橙子瓣切小块。
2. 将苹果块、葡萄干、橙子块一起盛到盘子里。
3. 把酸奶倒入水果盘里，搅拌均匀即可。

功效 水果沙拉中含有维生素 C、铁、锌、钙等，对宝宝的生长发育有益。

蛋皮鱼卷 健脑益智

材料 鸡蛋 2 个，鱼肉泥 40 克。

调料 葱末、姜汁、盐各适量。

做法

1. 鱼肉泥用葱末、姜汁及少许盐调味，蒸熟；鸡蛋敲破放碗中打散。
2. 小火将平底锅烧热，涂一层油，倒入蛋液摊成蛋皮，将熟时放入熟鱼肉泥，将其卷成卷；出锅后切成小段，装盘即可。

功效 鱼肉和鸡蛋都富含健脑所需的营养素，有助于促进宝宝大脑的健康发育。

13 ~ 24个月 育儿难题看这里

宝宝扔东西和摔东西

2岁前宝宝的各种“破坏”行为并不是在破坏，是在用自己的方法认识世界。对于年龄较小的宝宝来说，“破坏”是探索世界的一种方法和手段。父母对宝宝的这种探索世界的方式要给予鼓励。

1. 提供玩具让宝宝扔

在宝宝开始掌握这项技能的时候，提供给宝宝一些适当的玩具（比如线球、皮球、不怕摔的小玩具等），并创造一个安全、宽敞的环境，让宝宝扔个够。同时告诉宝宝什么东西可以扔，什么东西不能扔。

2. 不要大声责备

父母要特别注意的是，宝宝即使扔了不该扔的东西，造成一些损失，也不要严厉责备，因为父母的反应会让宝宝感觉很特别、很夸张，这将无形中强化了他用扔东西的方式引起父母注意的意识。以后一旦他想引起别人注意或想表现自己，都会想到用扔东西来达到目的。

3. 宝宝扔完了要归位

扔完了，要引导宝宝归位的意识，在哪儿拿的放回哪儿去。刚开始由妈妈来示范，慢慢地宝宝就会跟着做了。

4. 长大后引导宝宝淡化这一行为

当宝宝慢慢长大后，应注意逐渐淡化他扔东西的行为，以免养成不良习惯。引导宝宝的过程，可以适当进行“冷处理”。对他这种行为不去理会，漠视就好。久而久之，宝宝自己就会觉得没趣，把注意力转向其他更感兴趣的事物上了。

误食药物或不该吃的东西

家里所有药瓶上，都应写清楚药名、有效时间、使用量及禁忌证等，以防给宝宝用错药。为了防止宝宝将药丸当糖豆吃，最好将药物放在锁着的柜子里或宝宝够不着的地方，有毒药物的外包装还需再加密，使宝宝即使拿到也打不开。

如果宝宝不小心把药丸当成糖果误食，要赶紧用手指刺激宝宝舌根（咽后壁）催吐，让宝宝把吃下去的药吐出来并送医院及时就医。

如果宝宝误服强酸、强碱等有腐蚀性的液体时，切记不要给宝宝催吐，以免这些腐蚀性液体从胃部再次经过消化道，对器官造成二次损伤。如果误喝洁厕灵等强碱物，立即让宝宝服用食醋、柠檬汁、橘子汁等弱化碱性。若误喝碘酒，要赶紧给宝宝喝面糊、米汤等淀粉类流质食物，减轻毒性。做初步处理后立即到医院就诊。

25 ~ 36 个月宝宝：与大人吃相似的食物

25 ~ 36 个月宝宝的身高、体重参考标准

	25 ~ 30 个月宝宝的情况		30 ~ 36 个月宝宝的情况	
	男宝宝	女宝宝	男宝宝	女宝宝
身高正常范围（厘米）	86.0~97.1	84.5~95.9	89.6~101.4	88.4~100.1
体重正常范围（千克）	11.4~15.2	10.9~14.6	13.1~16.4	12.7~15.9

以上数据均来源于原国家卫生部 2009 年公布的《中国 7 岁以下儿童生长发育参照标准》。

25 ~ 36 个月宝宝的变化有哪些

进入反抗期

该时期的宝宝自我意识有了很大发展，什么都要以自己为中心，什么事都要自己干，而且很“任性”，表现出要求独立的倾向，经常与大人顶嘴，进入所谓的“第一反抗期”。由于此时是情感发育和情绪剧烈动荡的时期，宝宝在和其他小朋友玩时容易吵架。

喜欢模仿爸爸妈妈

当宝宝看见妈妈梳头时，宝宝也会抢妈妈的梳子给妈妈梳头，看见爸爸给皮鞋打油，也会过去帮忙。这时爸爸妈妈不要嫌宝宝麻烦，只要是安全的，就应该放手让宝宝做。

会穿外衣

一般来说，宝宝 2 岁左右就会强烈地想要自己的事情自己做。拿着衣服袖子试图帮宝宝穿上时，总是会遭到莫名其妙的“抵抗”。其实宝宝就是想自己来，因为这个时候宝宝已经有了独立意识。

辅食喂养指导

满足 25 ~ 36 个月宝宝的营养需求

足量食物、平衡膳食、规律就餐，是 25 ~ 36 个月宝宝获得全面营养和良好消化吸收的保障。引导宝宝自主、有规律地进餐，保证每天不少于三次正餐和两次加餐，不随意改变进餐时间、环境和进食量；培养宝宝摄入多样食物的良好饮食习惯。

建议 25 ~ 36 个月宝宝每日摄入奶 500 毫升、谷类 85 ~ 100 克、蛋肉类及水产品 50 ~ 70 克、蔬菜 200 ~ 250 克、水果 100 ~ 150 克、大豆及其制品 5 ~ 15 克（相当于豆浆 42 ~ 125 毫升，北豆腐 15 ~ 45 克）、油 15 ~ 20 克。

此外，还应培养宝宝独立进餐、喝水的好习惯，并控制零食。

培养和巩固宝宝喝奶习惯

25 ~ 36 个月宝宝的膳食钙每天推荐量为 600 毫克，奶及奶制品中钙含量丰富且吸收率高，是钙的最佳来源。家长应以身作则常喝奶，鼓励和督促孩子每天喝奶。

如果孩子饮奶后出现胃肠不适（如腹胀、腹泻、腹痛等）则可能与乳糖不耐受有关，可采取以下方法加以解决：少量多次饮奶或吃酸奶；饮奶前进食一定量主食，避免空腹饮奶；改吃无乳糖奶或喝奶时加乳糖酶。

可与大人吃相似的食物

2 ~ 3 岁宝宝可以跟大人吃相似的食物，比如可以跟大人一样吃米饭，而不必吃软饭，但是要避开质韧的食物。一般食物也要切成适当大小并煮熟透了再让宝宝吃。有过敏症状的宝宝，还要特别慎食容易引起过敏的食物。2 岁左右的宝宝可以吃大部分常见食物，但一次不能吃太多。

果蔬“2+3”，每天要吃够

宝宝多吃果蔬有清洁体内环境，控制肥胖，防止便秘等好处。家长在保障“顿顿有蔬菜、天天有水果”的同时，注意多种颜色蔬果的搭配。良好膳食习惯可从“早餐蔬果不能少”这点下手。早餐最好包括谷类、奶类、鸡蛋或瘦肉、水果和蔬菜。

每天应吃相当于自己两个拳头大小量的水果和三个拳头大小量的蔬菜，这就是果蔬“2+3”。红、橙、黄、绿、蓝、紫、白，果蔬颜色及种类越多越好，用“七彩果蔬”保证宝宝均衡营养是不错的选择。

宝宝含饭不干预

含饭是由于父母没有帮宝宝养成良好的饮食习惯，宝宝的咀嚼功能没有得到充分锻炼而导致的。这样的宝宝常由于吃饭过慢或过少，无法摄入足够的营养，甚至出现营养不良的情况。

爸爸妈妈可有针对性地训练宝宝，让宝宝与其他宝宝同时进餐，模仿其他宝宝咀嚼。随着年龄的增长，宝宝含饭的习惯就会慢慢得到纠正。

常吃反季节蔬果

如今反季节蔬果随处可见，行内人一语道破玄机：与应季蔬果相比，反季节蔬果在口感和营养上都略逊一筹。要想让宝宝吃得营养健康，就需要爸爸妈妈优先购买应季蔬果。蔬果食用前最好先用清水浸泡 5 分钟，然后用水冲洗。叶菜类的菜梗与茎相接处，圆白菜外面几层，都容易积存农药，买来后应切除，食用前用开水焯烫几分钟。

宝宝辅食推荐

玲珑牛奶馒头 补钙

材料 面粉 40 克，牛奶 20 毫升，酵母少许。

做法

1. 将面粉、酵母、牛奶和水放在一起，揉成面团，放 置 15 分钟。
2. 将面团再揉成光滑的长条，用刀切成 4 个小剂子（切的时候要干脆利落），上锅蒸 15 ~ 20 分钟即可。

功效 牛奶中含钙丰富，且容易被宝宝吸收，是宝宝生长发育必需的营养成分，也是宝宝一生的营养伴侣。

五彩饭团 健脑、保护视力

材料 米饭 50 克，鸡蛋 1 个，胡萝卜 20 克，海苔少许。

做法

1. 鸡蛋煮熟，切成末；海苔切末；胡萝卜洗净，去皮，切丝后焯熟，捞出后切细末。
2. 把米饭、鸡蛋末、胡萝卜末、海苔末混和均匀揉成球即可。

功效 鸡蛋富含卵磷脂，能促进宝宝智力发育；胡萝卜富含胡萝卜素，有助于宝宝视力发育。

素什锦炒饭 补充多种营养

材料 米饭30克，鸡蛋1个，胡萝卜丁、香菇丁、青椒丁、洋葱丁各10克。

调料 盐1克。

做法

1. 胡萝卜丁放入沸水中焯烫，捞出，沥水；鸡蛋打散，搅拌成蛋液，放入热油锅中炒熟，盛出。
2. 锅留底油烧热，炒香洋葱丁，再下香菇丁煸炒，倒入米饭、青椒丁、胡萝卜丁和鸡蛋碎翻炒均匀，放盐调味即可。

功效 这道菜含有红、黄、白、绿几种颜色，色泽非常吸引宝宝，营养也很丰富。

芝麻南瓜饼 促进发育

材料 南瓜、面粉各35克，鸡蛋1个，黑芝麻少许。

调料 白糖少量。

做法

1. 将南瓜洗净，去皮，去瓤，切成小块；鸡蛋磕入碗中，打散。
2. 南瓜块蒸熟，放入大碗中，用勺子碾成泥，再加入面粉、白糖搅拌均匀，揉成南瓜面团；将南瓜面团切成小剂子，将其擀成面饼，两面蘸匀黑芝麻。
3. 将南瓜饼放入提前预热好的烤箱中（160度预热10分钟），中层、上下火、160度烘烤30分钟即可。

功效 补充多种营养，促进宝宝生长。

寿司卷 高效补充蛋白质

材料 米饭50克，小黄瓜20克，肉松15克，鸡蛋1个，紫菜5克，火腿20克。

做法

1. 鸡蛋打散，摊成蛋皮；小黄瓜洗净，切成长条，火腿切细长条。
2. 将米饭平铺在紫菜上，依次放上蛋皮、肉松、小黄瓜条、火腿条，最后再卷起。
3. 食用时切成小段即可。

功效 米饭所含的植物蛋白质缺少赖氨酸。而紫菜和米饭搭配，能大大提高蛋白质的利用率。

蛋包饭 促进宝宝健康生长

材料 米饭40克，油菜丁、火腿丁各10克，鸡蛋1个。

调料 番茄酱3克。

做法：

1. 油菜丁炒熟。
2. 锅内倒油烧热，放火腿丁、米饭炒松，再加油菜丁炒匀，盛出待用。
3. 鸡蛋打散搅匀，摊成鸡蛋皮。
4. 将米饭均匀地放在鸡蛋皮上，再对折即可起锅，将适量番茄酱淋在蛋包饭上即可。

功效 米饭富含碳水化合物、B族维生素；油菜含钙、维生素C等；火腿含蛋白质；鸡蛋营养全面丰富。蛋包饭有利于促进宝宝健康发育。

土豆沙拉 补充热量

材料 小土豆50克。

调料 黄油5克，草莓酱5克，鲜牛奶适量，葱花3克。

做法

1. 小土豆洗净，上锅蒸熟，去皮切成两半。
2. 锅内放入黄油化开，放入蒸熟的小土豆块、鲜牛奶、草莓酱翻炒收汁。
3. 将小土豆装盘，撒入葱花即可。

功效 土豆沙拉富含碳水化合物，可以迅速为宝宝补充热量。

棒棒沙拉 补充多种维生素

材料 土豆40克，胡萝卜、黄瓜各20克。

调料 沙拉酱和番茄酱各适量。

做法

1. 土豆洗净去皮，切成长条状，放入微波炉中加热至熟；胡萝卜、黄瓜分别切成长条状，装盘。
2. 将沙拉酱和番茄酱搅拌均匀，放在蔬菜条旁边，食用时蘸酱即可。

功效 土豆中含多种矿物质，还含有维生素C、B族维生素、膳食纤维等；胡萝卜、黄瓜中含有维生素C、胡萝卜素等。此菜有助于宝宝补充多种维生素。

素炒三鲜 **促进宝宝成长**

材料 茄子50克，土豆、黄椒、红椒各20克。

调料 姜丝3克，盐1克，白糖少许。

做法

1. 土豆洗净，去皮，切片；茄子洗净，切小条；黄椒、红椒分别洗净，去蒂、去子，切块。
2. 锅中加油烧热，下入姜丝炒香，放入土豆片、茄条炒熟，放黄椒块、红椒块，再加入盐、白糖调味即可出锅。

功效 茄子含B族维生素、钙、磷、铁等；土豆含碳水化合物、钾、膳食纤维等；甜椒富含维生素C；营养上互补，促进宝宝健康成长。

香菇菜心 **提高免疫力**

材料 鲜香菇50克，菜心100克。

调料 盐、姜末各适量。

做法

1. 香菇去蒂，洗净，切末；菜心洗净，切段。
2. 锅内倒适量植物油，烧七成热后下入姜末煸炒，再放入香菇末和菜心段翻炒，加盐调味，用大火爆炒1分钟即可。

功效 这道菜能够帮助宝宝提高免疫力，增强体质。

三彩菠菜 健脑明目

材料 菠菜50克，粉丝10克，海米5克，鸡蛋1个（打散）。

调料 蒜末3克，香油1克。

做法

1. 菠菜洗净，焯烫，捞出后切段；粉丝泡发，剪长段；海米泡发。
2. 锅内放油烧热，倒鸡蛋液炒散后盛出，待用。
3. 锅内放油烧热，炒香蒜末、海米，加菠菜段、粉丝段炒至将熟。
4. 倒入炒熟的鸡蛋、香油，翻炒至熟即可。

功效 菠菜富含胡萝卜素、维生素C、维生素 B_1 和维生素 B_2，是脑细胞代谢的“最佳供给者”之一。此外，海米中的钙和鸡蛋中的卵磷脂，也具有健脑作用。

山药木耳炒莴笋 预防便秘

材料 莴笋50克，山药、水发木耳各20克。

调料 葱丝、盐各2克。

做法

1. 莴笋去叶，去皮，切片；水发木耳洗净，撕小朵；山药去皮，洗净，切片。
2. 山药片和木耳分别焯烫，捞出。
3. 锅内倒油烧热，爆香葱丝，倒莴笋片、木耳、山药片炒熟，放盐调味即可。

功效 山药健脾养胃，能改善消化系统；莴笋素可促进胃液、消化酶及胆汁分泌，有助于增进食欲。木耳含有可溶性膳食纤维，能防便秘。

黄瓜镶肉 **促进宝宝大脑发育**

材料 黄瓜 1/2 根，猪肉馅 30 克，老豆腐 20 克，净虾仁 15 克。

调料 淀粉适量，盐少许。

做法

1. 黄瓜洗净，切成 5 ~ 6 段，并将中间挖空；老豆腐洗净，碾碎。
2. 猪肉馅、老豆腐、淀粉和匀后，加盐调味。
3. 将和好的肉馅分别塞入黄瓜段中，再放入虾仁，用电蒸锅蒸熟即可。

功效 黄瓜镶肉中含有维生素 C、不饱和脂肪酸、铁等，有助于促进宝宝脑部发育。

萝卜丝拌鸡肉 **活化脑细胞**

材料 胡萝卜、白萝卜各 20 克，熟鸡肉 15 克。

调料 酱油 3 克。

做法

1. 将熟鸡肉撕成细丝；胡萝卜、白萝卜分别洗净，切成细丝，放入沸水锅中煮熟，捞出沥水。
2. 将熟鸡肉丝、胡萝卜丝、白萝卜丝放入大碗内，加入酱油搅拌均匀即可。

功效 鸡肉富含酪氨酸，可以使思维更敏捷；白萝卜中的维生素 C 也可使脑功能敏锐。

炒三色肉丁 增强体质

材料 猪肉30克，青椒、胡萝卜各50克，鸡蛋清30克。

调料 盐少许，水淀粉、香油各适量。

做法

1. 将猪肉洗净，切丁，加鸡蛋清、盐、水淀粉上浆；青椒、胡萝卜分别洗净，切丁。
2. 锅内倒油烧热，放入猪肉丁、青椒丁、胡萝卜丁炒匀，加少许水、盐，翻炒熟，用水淀粉勾芡，淋上香油即可。

功效 青椒中的维生素C能促进猪肉中铁的吸收；猪肉中的脂肪能促进胡萝卜素转化为维生素A，有助于明目。

香干肉丝 补钙

材料 香干40克，猪里脊肉25克。

调料 葱花、盐各少许，水淀粉5克。

做法

1. 香干冲洗一下，切条；猪里脊肉洗净，切丝。
2. 肉丝用水淀粉腌渍10分钟。
3. 油锅烧热，倒肉丝炒变色，倒入香干翻炒，加盐炒匀，撒上葱花即可。

功效 香干含有丰富的优质蛋白质和钙，宝宝常食可以促进钙质的吸收，有利于身体的成长。

牛肉蔬菜粥 补铁

材料 牛肉25克，土豆、胡萝卜、韭菜各10克，米饭25克。

做法

1. 将牛肉、韭菜分别洗净，切碎；胡萝卜、土豆分别洗净，去皮，切成小丁。
2. 锅中放清水煮沸，加入牛肉碎、胡萝卜丁和土豆丁煮10分钟，加入米饭、韭菜碎拌匀再煮约2分钟即可。

功效 胡萝卜、韭菜、土豆中含有大量维生素C，牛肉中含有丰富的铁，几种食材搭配食用，可以促进宝宝对牛肉中铁的吸收。

清蒸狮子头 补充矿物质

材料 五花肉60克，荸荠30克，生菜20克，鸡蛋1个。

调料 葱末5克，盐1克。

做法

1. 五花肉洗净，剁成肉馅；荸荠洗净，去皮，切丁；鸡蛋打散。
2. 将五花肉丁、荸荠丁加盐、鸡蛋液搅上劲，团成球状即成狮子头。
3. 生菜洗净，铺盘底，狮子头放碗中，蒸1小时，取出放盘中，撒葱末即可。

功效 这道菜营养丰富，含有碳水化合物、钙、铁、蛋白质、维生素C、维生素A等多种营养。

蛋皮肝卷 补铁

材料 鸡蛋皮 1 张，猪肝泥 30 克。

调料 葱姜水 5 克，水淀粉、盐各适量。

做法

1. 炒锅中倒入油烧热，放入猪肝泥煸炒，加葱姜水、盐炒透入味，用水淀粉勾芡，略炒，盛出。
2. 鸡蛋皮抹好水淀粉，炒好的猪肝泥倒在鸡蛋皮上面，摊匀，从一边向另一边卷，再用水淀粉黏合相接处，合口朝下码入屉盘，上开水锅蒸 5 分钟，出锅切段即可。

功效 蛋皮肝卷中含有铁，有助于改善缺铁性贫血。

清蒸基围虾 补钙、补锌

材料 净基围虾 50 克。

调料 香菜末 5 克，葱末、蒜末各 3 克，盐 1 克，香油适量。

做法

1. 基围虾用盐、葱末腌渍；香菜末、蒜末加香油调成味汁。
2. 将基围虾上笼蒸 15 分钟，淋上调味汁即可。

功效 每 100 克基围虾（可食部计）含蛋白质 18.2 克、维生素 E1.69 毫克、钙 83 毫克、铁 2.0 毫克、锌 1.18 毫克。清蒸基围虾可促进宝宝补充多种营养物质。

鲜虾烧卖 **促进大脑发育**

材料 白菜80克，净虾仁30克，金针菇、香菇末、芹菜末、鸡肉末、藕末各10克。

调料 盐1克，姜末、葱末各3克。

做法

1. 虾仁切末；白菜洗净，撕成片，焯烫后过凉。
2. 香菇末、鸡肉末、虾仁末、芹菜末、藕末加盐、葱末、姜末做成馅料，包在白菜叶里，用金针菇捆好，包好口，蒸熟即可。

功效 鲜虾烧卖含赖氨酸、优质蛋白质、锌、不饱和脂肪酸等，有促进宝宝智力发育和健脑的作用。

水晶虾仁 **补钙、强筋骨**

材料 虾仁30克，鲜牛奶50毫升，鸡蛋清1个。

调料 淀粉5克，盐1克。

做法

1. 虾仁洗净，挑去虾线，加上盐、淀粉腌15分钟。
2. 鲜牛奶、鸡蛋清、淀粉、盐和腌虾仁同放碗中，充分搅拌均匀。
3. 锅内倒油烧热，倒入拌匀的牛奶虾仁，用小火翻炒至凝结成块，起锅装盘即可。

功效 虾仁和牛奶中都富含钙，很适合缺钙的宝宝食用。

鲜虾蛋羹 补钙、促生长

材料 净虾仁 50 克，鸡蛋 1 个。

调料 高汤适量，香菜末 2 克，盐 1 克。

做法：

1. 鸡蛋打散，加入高汤及盐、水，搅拌后放入蒸碗。
2. 蒸锅水开后，把放了虾仁的蛋液放入，蒸 5 分钟，以香菜末作装饰即可。

功效 鲜虾蛋羹含有丰富的蛋白质、不饱和脂肪酸、维生素等营养成分，有利于促进宝宝成长发育。

鲜果沙拉 润肠通便

材料 去核净樱桃 10 克，猕猴桃、香蕉各 20 克，酸奶 100 毫升。

做法

1. 樱桃切丁；猕猴桃去皮，切成丁；香蕉去皮，切成丁。
2. 取大碗，放入樱桃丁、猕猴桃丁、香蕉丁，倒入酸奶拌匀即可。

功效 樱桃、猕猴桃、香蕉、酸奶都具有通便排毒之功，这道沙拉是便秘宝宝的良好选择。

爱心提醒

宝宝腹泻期间不可以吃生冷刺激性的食物。至于水果可少量食用，但不宜食用沙拉。

25 ～ 36 个月 育儿难题看这里

宝宝晒伤

有些宝宝的小脸蛋会因为晒伤而变成深褐色，这就属于光敏性皮炎。这些宝宝的皮肤特别敏感，应该特别注意防晒的问题。

晒伤后如何处理

用西瓜皮敷：西瓜皮含有维生素 C，把西瓜皮用刮刀刮成薄片，敷在晒伤的皮肤上。皮肤的晒伤症状会减轻不少。

用茶水治晒伤：茶叶里的鞣酸具有很好的促进收敛作用，能减少组织肿胀，减少细胞渗出，用棉球蘸茶水轻轻敷被晒红处，可减轻灼痛感。

水肿用冰牛奶湿敷：被晒伤的红斑处如果有明显水肿，可以用冰牛奶敷，每隔 2 ～ 3 小时湿敷 20 分钟，能起到缓解水肿的作用。

宝宝说脏话

宝宝在这个年龄段往往没有分辨是非、善恶、美丑的能力，还不能理解脏话的意思。如果在他所处的环境中出现了脏话，无论是家人还是外人说的，都可能成为宝宝模仿的重点。宝宝会像学习其他本领一样学着说，并在家中“展示”。如果爸爸妈妈这时不加以干预，反而默许，甚至觉得很有意思而纵容，就会强化宝宝的这种模仿行为。

冷处理：当宝宝口出脏话时，爸爸妈妈无须过度反应。过度反应对尚不能了解脏话意思的宝宝来说，只会刺激他重复脏话的行为。宝宝会认为说脏话可以引起大人的注意。所以，冷静应对才是最重要的处理原则。不妨问问宝宝是否懂得这些脏话的意思，宝宝真正想表达的是什么。也可以既不打宝宝，也不和他说道理，假装没听见（并不是默许）。慢慢地，宝宝觉得没趣自然就不说了。

解释说明：解释说明是为宝宝传达正面信息、澄清负面影响的好方法。在和宝宝讨论的过程中，应尽量让宝宝理解，粗俗不雅的语言为何不被大家接受，脏话传递了什么意思。

正面引导：爸爸妈妈要悉心引导宝宝，教宝宝换个说法试试。彼此应定下规则，爸爸妈妈要随时提醒宝宝，告诉宝宝不能说脏话，做个有礼貌的乖宝宝。

宝宝“自私”

经常听到家长抱怨，“我家宝宝最近可‘抠门’了，什么都不让别人碰”“我家宝宝越来越自私，连我给别的宝宝零食都不行”……这几乎是家长的通病，只要自己宝宝不够大方，不会与人分享，就用“抠门”“自私”这样的词来形容宝宝。家长这样想，是因为停留在大人的思维方式，而不是从宝宝的角度出发思考问题。

宝宝的这些行为并不是“自私”，而是成长的信号，是宝宝在探索自我。作为家长，当宝宝表现出很强的占有欲时，家长不应该责骂宝宝，或者用强硬的方式拿走宝宝的东西，甚至强迫宝宝“分享”。而是应该用正确的方法引导宝宝学会分享，并且乐于分享。

爸爸妈妈的榜样作用

当宝宝想要玩爸爸妈妈的东西时，要尽量满足他的愿望。如果宝宝想要玩的是比较贵重的物品或者是易碎、易坏的物品，不能大声吼“不要碰”“不可以”，因为这种反应会让宝宝认为妈妈不愿意与他分享。这个时候，最好允许宝宝在爸爸妈妈的陪伴和协助下摸一摸这些物品，并且要告诉宝宝轻拿轻放，看完后要还给爸爸妈妈。

不能要求宝宝分享所有东西

每个宝宝都有自己特别喜欢，认为特别珍贵的东西，大人没必要强迫宝宝把所有的东西都拿出来与人分享，要允许宝宝决定哪些特殊的玩具不给别的小朋友玩。只有让宝宝真正拥有支配自己东西的权利，他才更乐于分享。

教会宝宝用协商解决问题

当宝宝和另一个小朋友因为争抢一个玩具而发生冲突时，妈妈可以告诉宝宝用协商的办法解决矛盾。例如，当宝宝想要玩别的小朋友手中的玩具时，建议用自己的玩具和那个小朋友交换，让宝宝明白与人分享其实很容易。

育儿经验分享

应积极培养宝宝对其他小朋友表示友好，可以问宝宝：“你是喜欢别人表扬你，还是喜欢别人批评你呢？”让宝宝了解，适时地向别人示好，胜过批评、嘲笑别人。

PART 3

特效功能辅食喂养指导，宝宝身体壮、少生病

补钙：强健骨骼

钙每天摄入多少

0～6个月	200毫克	注：以上数据参考中国标准出版社出版的《中国居民膳食营养素参考摄入量速查手册（2013版）》
6个月～1岁	250毫克	
1～3岁	600毫克	

补多少钙，一眼就看清楚

一袋牛奶（240毫升）
约含250毫克钙

10克虾皮
约含99毫克钙

10克黑芝麻
约含78毫克钙

一块豆腐（25克）
约含41毫克钙

宝宝补钙时，适当补点镁

钙与镁如同一对好搭档，当两者的比例为2∶1时，最利于钙的吸收与利用。遗憾的是，宝宝缺钙时妈妈往往只注重补钙，却忽略了给宝宝补镁，导致宝宝体内镁元素不足，进而影响钙的吸收。镁在以下食物中含量较多：绿叶蔬菜、坚果（杏仁、腰果和花生）、粗杂粮（特别是小米、大麦和黄豆）等。

宝宝补钙时，过量摄入蛋白质

鱼、肉富含蛋白质，如果经常给宝宝吃鱼、肉，会影响宝宝对钙的吸收。试验显示：每天摄入 80 克蛋白质，体内将流失 37 毫克的钙（流失的钙通过正常饮食就可以得到有效补充）。因此，爸爸妈妈不要过量给宝宝吃鱼、肉。

补钙时喝太多碳酸饮料

人体内钙磷比例为 2 ∶ 1 时为完美组合，多喝富含磷的碳酸饮料就会破坏这种组合，过多的磷就会把钙“赶”出体外。

补钙时吃含草酸或植酸的食物

草酸或植酸容易与钙发生化学反应，生成难以消化的物质。所以不要给宝宝补钙时过多吃含草酸或植酸高的食物（如竹笋、苦瓜、茭白等），否则影响钙的吸收。

过量给宝宝补钙剂

不要过量给宝宝补充钙剂。因为钙剂补充多了，会降低钙质在宝宝体内的吸收利用率。尽量让宝宝从食物中获取足够的钙。

多吃“高钙”零食

一些食品标注“高钙”字样，并不见得含钙高。而一些食品加入过多的钙、铁、锌等矿物质，如果不能吸收，反而会对人体肾脏以及消化系统造成很大负担。另外，一些饼干虽然含钙量很高，但是其脂肪含量也很高，这种情况下，钙就很难被人体吸收，反而导致宝宝吃了很多高油高盐高糖的食物，不利于身体健康。

宝宝补钙食谱推荐

黑芝麻花生糊 健脑、补钙

材料 黑芝麻、熟花生仁各 20 克。

做法

1. 黑芝麻洗净，沥干，放入平底锅中以小火翻炒，等炒到有很浓的香气扑鼻而来时关火。
2. 将炒过的黑芝麻和熟花生仁放入搅拌机中打碎，加入适量温开水搅拌成糊状即可。

功效 黑芝麻营养丰富，可以补钙，健脑；熟花生仁也富含钙（每 100 克熟花生仁含钙 284 毫克）。黑芝麻花生糊能为宝宝很好地补钙，还能健脑。

蛋黄豆腐羹 促进骨骼生长

材料 豆腐 20 克，鸡蛋 2 个，火腿少许。

调料 香菜叶少许，盐 1 克。

做法

1. 豆腐冲洗，切小块，装碗；火腿切碎。
2. 取 1 个鸡蛋，打散，加入切碎的火腿和盐以及温水，搅匀倒入豆腐里。
3. 另 1 个鸡蛋煮熟，捣碎，撒在装豆腐的碗里，盖上保鲜膜，入锅蒸 8 分钟。
4. 取出后，撒上香菜叶即可。

功效 鸡蛋中含有多种维生素，包括维生素 A、维生素 D、维生素 E 等；豆腐富含钙、磷等，蛋黄豆腐羹能补钙健骨。

注：加盐、糖的食物均不适合 1 岁以内的宝宝食用。

牛奶西蓝花 补钙

材料 西蓝花 60 克，牛奶 40 毫升。

做法

1. 西蓝花清洗干净，放入水中焯烫至软，捞出切成小块。
2. 将切好的西蓝花放入小碗中，倒入准备好的牛奶搅匀即可。

功效 西蓝花含丰富的胡萝卜素、维生素 C、膳食纤维等，还含钙；牛奶富含优质蛋白质、钙、脂肪等，两者搭配，营养上互相补充。

虾仁鱼片炖豆腐 补钙、健脾

材料 豆腐 30 克，鲜虾仁、菜心各 20 克，鱼肉片 15 克。

调料 盐、葱末、姜末各适量。

做法

1. 将鲜虾仁、鱼肉片洗净；菜心洗净，切段；豆腐洗净，切成小块。
2. 锅内倒油烧热，爆香葱末、姜末，下入菜心段，稍炒，倒入适量水，放入鲜虾仁、鱼肉片、豆腐块稍炖，加盐调味即可。

功效 虾仁、鱼片、豆腐都富含钙，可以很好地为宝宝补钙。这道菜不仅营养丰富，而且易消化吸收，有健脾开胃的作用，也适合胃口不好的宝宝。

补铁：预防贫血

铁每天摄入多少

0～6个月	0.3毫克	注：以上数据参考中国标准出版社出版的《中国居民膳食营养素参考摄入量速查手册（2013版）》
6个月～1岁	10毫克	
1～3岁	9毫克	

补多少铁，一眼就看清楚

100克鸭血（麻鸭）
约含32毫克铁

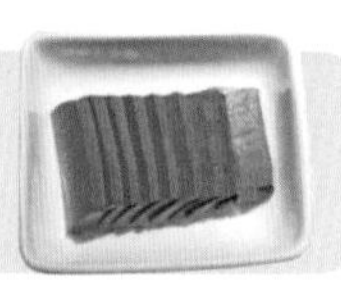

100克猪肝
约含22.6毫克铁

100克鸡肝
约含9.6毫克铁

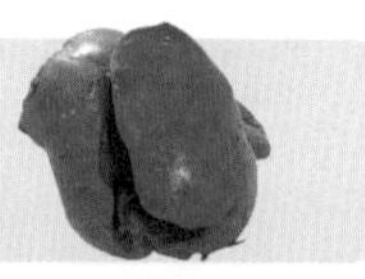

100克猪血
约含8.7毫克铁

100克牛里脊
约含4.4毫克铁

100克猪瘦肉
约含3毫克铁

铁主要存在于动物性食品中，而且吸收率较高。植物性食品中铁的吸收率不高，但宝宝每天都要吃。

补铁应搭配维生素C

动物性食物一般含有铁，植物性食物一般含有维生素C，建议宝宝动植物性食物同食，这样可增加铁的吸收率，因为维生素C具有促进铁吸收的功能。

把菠菜当补铁的绝佳食材

菠菜含铁量虽高，但其所含的铁很难被吸收。而且菠菜含有一种叫草酸的物质，很容易与铁作用形成沉淀，使铁不能被人体吸收，从而失去补铁的作用。所以不要用菠菜煮水来给宝宝补铁。

此外，菠菜中的草酸还易与钙结合成不易溶解的草酸钙，影响宝宝对钙的吸收。尽可能让菠菜与海带、蔬菜、水果等食物一同食用，以促使草酸钙溶解排出体外。

纠正贫血，过量饮用牛奶

妈妈在给宝宝纠正贫血的过程中，千万不能为了给宝宝增加营养而过多地让其饮用牛奶，因为牛奶含磷较高，会影响铁在体内的吸收，加重贫血症状。而且牛奶不是富含铁的食物。

将蛋黄作为补铁的最佳食物

蛋黄含铁量并不高，每 100 克鸡蛋黄含铁 6.5 毫克，而且蛋黄中的铁吸收率只有 3%。鉴于蛋黄并不是“补铁高手”，再考虑到婴儿消化能力和过敏等因素，不能将蛋黄作为补铁高手看待。

过量补铁

以往婴儿如果是轻度贫血，医生会建议通过食补来纠正，但现在轻度贫血也建议使用铁剂。这主要是因为婴儿通过食补来纠正贫血，见效时间长，效果不理想。需注意的是，补铁过量也不利于宝宝健康。导致宝宝摄入铁过多的最主要途径就是口服铁剂。医疗上的铁剂多为硫酸亚铁和葡萄糖酸亚铁，这些铁剂剂量很大，含铁量很高，一定要在医生的指导下进行，不可随意更改医嘱剂量。

宝宝补铁食谱推荐

鸡肝小米粥 补血、养脾胃

材料 鲜鸡肝、小米各 20 克。

调料 香葱末、盐各适量。

做法

1. 鸡肝洗净，切碎；小米淘洗干净。小米先放锅中煮开锅，再放入鸡肝碎同煮。
2. 粥煮熟之后，用盐调味，再撒上些香葱末即可。

功效 养肝补血，健脾养胃，适合胃口不好、缺铁性贫血的宝宝。

爱心提醒

淘小米时不要用手搓，忌长时间浸泡或用热水淘小米，以免损失小米中的营养。

猪肝瘦肉粥 补血

材料 鲜猪肝 15 克，猪瘦肉、大米各 25 克。

调料 盐、香油各少许。

做法

1. 将猪肝、猪瘦肉分别洗净，剁碎，加入香油、盐，拌匀；将大米洗净，浸泡 30 分钟。
2. 将泡好的大米放入锅中，加适量清水，煮至粥将熟时，加入拌好的猪肝碎、猪瘦肉碎，再煮至肉熟即可。

功效 此粥有补血明目、补中益气的作用，非常适合贫血和身体虚弱的宝宝食用。

番茄肝末汤 补铁

材料 番茄40克，猪肝、洋葱各20克。

做法

1. 将猪肝洗净，剁碎；番茄用开水烫一下，去皮，切末；洋葱剥皮，洗净，切碎备用。
2. 将猪肝碎、洋葱碎同时放入锅中，加入水煮开，最后加入番茄末拌匀即可。

功效 猪肝富含铁质，与富含维生素C的番茄一起食用，更有助于宝宝对铁质的吸收。

黄花菜瘦肉粥 补铁

材料 大米、猪瘦肉各20克，干黄花菜10克。

做法

1. 大米淘洗干净，浸泡30分钟，沥干；猪瘦肉洗净，切小丁；黄花菜洗净，泡发30分钟后切碎。
2. 锅内加水，放入大米煮沸。
3. 加入猪肉丁、黄花菜碎煮沸，用小火慢慢熬煮，待粥稠即可。

功效 黄花菜含有较多的铁、钙、B族维生素等，和含铁、脂肪的猪瘦肉搭配，有利于补铁。

补锌：促进发育

锌每天摄入多少

0 ~ 6 个月	2.0 毫克
6 个月 ~ 1 岁	3.5 毫克
1 ~ 3 岁	4.0 毫克

注：以上数据参考中国标准出版社出版的《中国居民膳食营养素参考摄入量速查手册（2013 版）》

补多少锌，一眼就看清楚

50 克扇贝（鲜）
约含 5.8 毫克锌

50 克牡蛎
约含 4.7 毫克锌

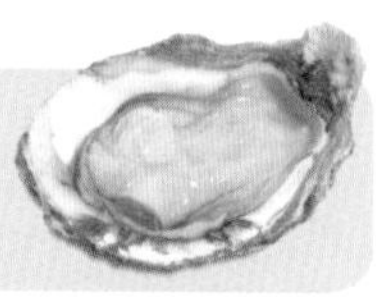

50 克牛里脊
约含 3.46 毫克锌

50 克虾仁
约含 2 毫克锌

一些植物性食物，如谷物、豆类等含有较多锌，但是其本身所含的植酸会和锌结合成不溶于水的化合物，从而阻碍人体对锌的吸收。也就是说，关于锌的吸收利用率，植物性食物低于动物性食物，所以建议吃些动物性食物来补锌。

补锌同时应吃富含钙和铁的食物

单纯补锌，不仅难被人体吸收，还会干扰其他营养素的吸收。比如，单纯补锌会影响身体对铁的吸收，形成缺铁性贫血。所以，补锌的同时，再补充钙与铁两种营养素，可促进锌的吸收与利用，因为这三种元素可协同作用。

另外，有些营养素也会干扰补锌的效果，比如维生素 C 会与锌结合形成不溶性复合物，不利于锌的吸收。

吃动物性食物补锌

动物性食品（如贝壳类海产品、红色肉类、动物内脏）含锌普遍较多，每 100 克动物性食品中含锌 3 ~ 10 毫克，并且动物性食品蛋白质分解后所产生的氨基酸还能促进锌的吸收。植物性食品中含锌较少，每 100 克植物性食品中大约含锌 1 毫克。各种植物性食物中含锌量比较高的有豆类、小米、大麦、小麦等。

需重点补锌的宝宝

缺锌人群	主要原因
早产儿	如果宝宝不能在母体内孕育足够的时间而提前出生，就容易错过在母体内储备锌元素的黄金时间（一般是在孕末期的最后 1 个月）
非母乳喂养的宝宝	母乳中含锌量大大超过普通配方奶，更重要的是，其吸收率高达 42%，这是任何非母乳食品都不能比的
过分偏食的宝宝	有些宝宝从小拒绝吃肉类、蛋类、奶及其制品，非常容易缺锌

盲目使用含锌的补品或药品

母乳喂养的宝宝一般不用特别补锌。在宝宝的饮食中，如果没有挑食、偏食的现象，一般不会缺锌。给宝宝补锌时，不能盲目使用含锌的补品或药品，最好在平时注意增加富含锌的食物。对因缺锌造成严重后果的孩子，一定要到医院进行详细检查，在医生的指导下补锌。

吃味精

味精可能是导致宝宝缺锌的重要原因，建议宝宝和正在哺乳的妈妈尽量避免摄入味精。

宝宝补锌食谱推荐

牛肉小米粥 开胃、补锌

材料 小米 30 克，牛里脊肉 20 克，胡萝卜丁 10 克。

做法

1. 小米洗净；牛里脊肉洗净，切碎。
2. 锅置火上，加适量清水放入小米、牛里脊肉碎、胡萝卜丁，大火煮沸后转小火煮至小米开花、牛里脊肉熟即可。

功效 牛里脊肉中锌含量丰富，宝宝常食可以提高食欲，强壮身体。

豆豆肉墩 补锌、补铁

材料 豌豆30克，牛肉、鸡胸肉各20克，干黑豆15克。

调料 盐适量。

做法

1. 干黑豆洗净，浸泡 6 小时后煮熟；豌豆洗净，煮熟；将二者用搅拌机搅打成蓉状。
2. 牛肉和鸡胸肉分别洗净，剁成肉蓉，和黑豆蓉、豌豆蓉一起搅拌均匀。
3. 牛肉、鸡胸肉、黑豆蓉、豌豆蓉放入热油锅中炒熟，加盐调味后放入小杯子中，压实，倒扣在盘中即可。

功效 能为宝宝补充锌、铁、优质蛋白质等多种营养成分。

虾仁炒南瓜丁 补锌、补钙

材料 虾仁 20 克，南瓜 30 克。

调料 盐 1 克，水淀粉适量。

做法

1. 将虾仁用水淀粉拌匀，加少量盐腌渍入味；南瓜洗净，去皮，去瓤，切成小丁。
2. 锅热后放少量油，下虾仁、南瓜丁炒，炒熟后出锅即可。

功效 虾仁能补锌、补钙；南瓜中富含胡萝卜素、钾等，可有效保护视力，促进骨骼发育。

牡蛎南瓜羹 补锌

材料 南瓜 30 克，鲜牡蛎 20 克。

调料 盐、葱丝、姜丝各适量。

做法

1. 南瓜去皮，去瓤，洗净，切成细丝；牡蛎洗净，切成丝。
2. 汤锅置火上，加入适量清水，放入南瓜丝、牡蛎丝、葱丝、姜丝，大火烧沸，改小火煮，盖上盖熬 15 分钟，关火，放入盐调味即可。

功效 牡蛎含锌丰富，是宝宝补充锌的重要食品之一。南瓜中含有较丰富的膳食纤维，能促进宝宝消化。

增强抵抗力：少生病

尽最大可能坚持母乳喂养

母乳不仅营养丰富，还含有多种免疫成分。所以，想要宝宝免疫力好，就尽量坚持母乳喂养。世界卫生组织建议，母乳喂养持续 2 年甚至更长时间。

营养均衡才能增强抵抗力

宝宝的抵抗力除了取决于遗传因素外，还受饮食的影响，因为有些食物的成分能够增强身体抵抗力。这就要求宝宝要全面均衡地摄入营养，人体缺少任何一种营养素都容易出现这样或那样的症状或疾病，只有营养均衡才能抵抗力强。给宝宝吃的食物种类一定要丰富多样，肉、蛋、新鲜蔬菜及水果尽可能多样。

提高抵抗力，先补蛋白质

人体抵抗能力的强弱，取决于抵抗疾病抗体的多少，而蛋白质是抗体、酶、血红蛋白的构成成分。当人体缺乏蛋白质时，酶的活性就会下降，导致抗体合成减少，进而使宝宝免疫力下降，甚至延缓宝宝生长发育。

给宝宝补充蛋白质，应选择奶制品、豆类、坚果、肉蛋类、鱼类等，这些食物蛋白质中的氨基酸比例更易被人体吸收。

育儿经验分享

宝宝很容易感冒，天气稍微变冷、变凉，来不及加衣服就打喷嚏，而且感冒后要过好长一段时间才能好；宝宝伤口容易感染，身体哪个部位不小心被划伤后，几天之内伤口都是红肿的，甚至流脓。这些都是宝宝免疫力低的表现。

需重点增强抵抗力的宝宝

经常感冒的宝宝	腹泻时间较长的宝宝	爱出汗的宝宝
宝宝缺少锌和铁容易造成呼吸道反复感染。补锌能够增强免疫力，从而缓解感冒的症状，并缩短病程	补锌对小儿肠结构与功能有重要作用，能加速肠黏膜再生，提高肠道消化吸收功能，缓解腹泻症状，缩短腹泻病程，并能预防腹泻再次发生	这类宝宝往往头和肩部特别多汗，脸色比较苍白，手脚也会比较冰冷，即中医所说的“表虚不固”

吃生冷坚固的食物

由于经常感冒、长期腹泻、多汗现象与宝宝体质虚弱有关，特别是与脾胃功能较弱有关。对宝宝的消化系统可能产生不良刺激或者加重消化系统负担的食物，都应该慎食、禁食，如冷饮、冰激凌等生冷类的食物，以及烤肉、烧饼等坚硬不易消化的食物。

吃油炸食物多

一些孩子喜欢吃含大量油脂、蛋白质的油炸食品。这类食品容易造成婴幼儿肥胖、超重。肥胖会引起慢性病，比如高血压、糖尿病。有的孩子还会因为肥胖使鼻内生出息肉，息肉影响孩子的呼吸，使其因为呼吸障碍而影响睡眠质量。值得注意的是，油脂在高温下会产生一种叫“丙烯酸”的物质，这种物质很难消化。个别孩子吃了油炸食物后还会连续几顿吃不下饭，从而导致营养不均衡，抵抗力下降。

增强宝宝抵抗力食谱推荐

红薯酸奶 强健脾胃

材料 红薯50克，原味酸奶40毫升。

做法

1. 将红薯洗净，在清水中略泡，去皮。
2. 将红薯放入耐热容器中，加适量清水，包上保鲜膜，放进微波炉中加热至熟。
3. 将熟红薯取出，趁热碾成红薯泥。
4. 在小碗或盘中倒上原味酸奶，放入红薯泥即可。

功效 红薯酸奶可以强健脾胃，促进营养的消化与吸收。

爱心提醒

这道红薯酸奶应让宝宝趁温热时食用，不然可能致腹部不适。

西蓝花鸡蛋豆腐 提高免疫力

材料 西蓝花50克，鸡蛋1个，鲜香菇20克，豆腐50克。

调料 高汤适量，盐少许。

做法

1. 西蓝花洗净，切小朵；香菇洗净，去蒂，切块；鸡蛋敲破放碗中打散；豆腐洗净，切块。
2. 将鸡蛋液中加入高汤、盐，加西蓝花小朵、香菇块。
3. 在碗口上覆盖一层保鲜膜，盖好后隔水蒸约10分钟即可。

功效 这道菜富含维生素A、维生素C、铁、锌等物质，能增强宝宝免疫力。

香菇疙瘩汤 增强抗病能力

材料 面粉25克，菠菜、鲜香菇各20克，鸡蛋1个，高汤200毫升。

做法

1. 将面粉、适量清水和成面团，揉匀，擀成薄片，切成小丁，撒入少许面粉，搓成小球；鲜香菇洗净，切成小丁；鸡蛋打成蛋液；菠菜洗净，焯水，切段。
2. 锅中放高汤、面球、香菇丁煮熟，加蛋液、菠菜段煮沸即可。

功效 香菇含有的香菇多糖能调节身体免疫，增强宝宝身体的抗病能力。

山药百合鲈鱼汤 健脾补肾

材料 鲈鱼肉100克，山药20克，干百合5克，枸杞子少许。

调料 姜片、盐各适量。

做法

1. 干百合浸泡20分钟；山药洗净，去皮，切小块；鲈鱼肉洗净，切块；枸杞子洗净。
2. 油锅烧热，放入鲈鱼块，用小火略微煎一下，皮微黄即可。
3. 砂锅中倒入适量开水，放入煎好的鲈鱼块、山药块、百合、枸杞子和姜片，以小火煮40分钟，放盐调味食用。

功效 山药可补肺、健脾、固肾的功效。百合可养阴润肺，止咳，清心安神。鲈鱼可健脾胃、补肝肾、止咳化痰。

脑瓜灵：促进大脑发育

补充卵磷脂，促进宝宝大脑发育

卵磷脂是构成神经组织的成分，人体大脑约由 150 亿个神经细胞组成，除去水分，干物质中的 43% 是卵磷脂。而卵磷脂充足可以让脑细胞代谢加速，增强脑细胞免疫和再生的能力。充足的卵磷脂可以使宝宝反应快，记忆力强。

妈妈可以多给宝宝吃些富含卵磷脂的食物。8 个月以后吃蛋黄、鱼类等，如蛋黄小米粥、鱼泥等是不错的选择。

选用富含 DHA 的食物

DHA（二十二碳六烯酸）又称 ω-3 长链多元不饱和脂肪酸，它是人体必需的营养物质。由于机体的合成能力很低，需要从食物中获取。脑和神经组织中 65% 的脂质为 DHA。

母乳

初乳中 DHA 的含量尤其丰富。不过，母亲乳汁中 DHA 的含量取决于三餐的食物结构。如果母亲吃鱼较多，那么相应的母乳中的 DHA 的含量就高。

配方奶

添加了 DHA 的配方奶同样是孩子吸收 DHA 的一大食物来源。

鱼类

DHA 含量高的鱼类有鲔鱼、鲣鱼、三文鱼、鲭鱼、沙丁鱼、金枪鱼、黄花鱼、秋刀鱼、鳝鱼、带鱼、花鲫鱼等。就某一种鱼而言，DHA 含量高的部分又首推眼窝脂肪，其次是鱼油。

干果类

核桃、杏仁、芝麻等是不错的选择。其中干果所含的 α－亚麻酸可在人体内转化成 DHA。

藻类
藻类食物所含有的 DHA 也比较丰富。

DHA 制品
市场上有两种：一种是从深海鱼油中提取的制品，另一种是从藻类中提取的制品。

鱼，蒸的烹调方式更健康

鱼的烹饪方式决定了获取 DHA 的多少。蒸鱼的时候，在加热过程中，鱼的脂肪会少量溶解入汤中。但蒸鱼时汤水较少，所以不饱和脂肪酸的损失也较少，DHA 和 EPA 剩余 90% 以上。炖鱼的时候，鱼的脂肪也会有少量溶解，鱼汤中会出现浮油。不同烹饪方式保留鱼肉中 DHA 含量由高到低分别是蒸、炖、烤、炸。一般情况下，建议大人给宝宝做辅食以清蒸的烹饪方式为主。

吃得过饱

如果宝宝比较喜欢吃辅食，往往吃得过饱，就会出现摄入的热量大大超过消耗的热量的情况，导致热量转变成脂肪在体内蓄积。如果脑组织的脂肪过多，就会出现“肥胖脑”。宝宝的智力与大脑沟回皱褶多少有关，大脑的沟回越明显、皱褶越多，智力发育水平越高。而“肥胖脑”使沟回紧紧靠在一起，皱褶消失，大脑皮层呈平滑样，神经网络的发育也因此变差，随之宝宝智力水平就会降低。

吃含铝食物过多

油条、油饼、粉丝等含铝多，长期食用容易导致记忆力下降，反应迟钝，还可抑制肠道对磷的吸收，影响钙磷代谢，造成宝宝骨骼发育迟缓。

宝宝健脑食谱推荐

黑芝麻核桃粥 健脑益智

材料 黑芝麻10克，核桃仁2粒，紫米20克。

做法

1. 将核桃仁洗净，切碎；紫米洗净后用水泡3小时，使其软化易煮。
2. 将核桃碎、黑芝麻连同泡好的紫米一起入砂锅熬至熟烂即可。

功效 此粥含氨基酸和不饱和脂肪酸，有利于增强宝宝脑神经功能。

黄豆鱼蓉粥 促进大脑发育

材料 黄豆10克，青鱼50克，大米30克。

做法

1. 将黄豆洗净，浸泡8~12小时，加水煮至熟烂；青鱼去皮，去内脏，去刺，收拾干净，切成小片；大米淘洗干净。
2. 将大米下开水锅中煮成粥，放入熟烂的黄豆粒稍煮，下入鱼片，开大火煮1分钟即可。

功效 青鱼中富含优质蛋白、钙和DHA，有利于宝宝大脑发育。

三文鱼汤 健脑、暖胃

材料 三文鱼肉60克，豆腐50克，紫菜适量。

调料 葱花、盐各适量。

做法

1. 三文鱼肉收拾干净，切块；豆腐洗净，切小块。
2. 锅置火上，加水烧开，放入三文鱼块焯2分钟。
3. 捞出三文鱼块，放入另一个锅中，加少量水，然后加紫菜、豆腐块、盐，煮2分钟，最后撒上葱花即可。

功效 三文鱼性温，具有暖胃之功，很适合冬季食用。三文鱼中富含钙，有助于健骨，还富含DHA，有助于健脑。

黄鱼饼 促进大脑发育

材料 净黄鱼肉50克，牛奶50毫升，洋葱20克，鸡蛋1个。

调料 淀粉10克，盐适量。

做法

1. 黄鱼肉去刺，剁泥，装碗；洋葱洗净，切碎，放入鱼泥碗中；鸡蛋打散，倒入鱼泥碗中，加入牛奶、淀粉和盐，拌匀。
2. 平底锅内加植物油，烧热，将鱼糊倒入锅中，煎至两面金黄色即可。

功效 黄鱼的蛋白质含量较高，并富含DHA等，有促进宝宝脑部发育的功效。

拥有好视力：护眼明目

眼睛也需要营养素的呵护

营养素	主要作用
胡萝卜素	含胡萝卜素多的食物有西蓝花、胡萝卜、南瓜、青豆、番茄等。最好用油炒熟了吃或凉拌时加点熟油吃，这样有助于胡萝卜素在人体内转变成维生素 A
维生素 A	最好来源是各种动物的肝脏、鱼肝油等。维生素 A 能维持眼角膜正常，预防眼角膜干燥和退化，增强在黑暗中看东西的能力
维生素 C	含维生素 C 丰富的食物有各种新鲜蔬菜和水果，如青椒、黄瓜、菜花、小白菜、鲜枣、梨、橘子、猕猴桃等
维生素 B_2	含维生素 B_2 多的食物有瘦肉、鸡蛋、酵母、扁豆等。维生素 B_2 能保证眼睛视网膜和角膜的正常代谢
钙	钙对眼睛也是有好处的，钙有消除眼睛紧张的作用。大豆类、绿叶蔬菜含钙量都比较丰富

补多少胡萝卜素，一眼就看清楚

100 克西蓝花
约含 7210 微克
胡萝卜素

100 克胡萝卜
约含 4010 微克
胡萝卜素

100 克柑橘
约含 890 微克
胡萝卜素

100 克南瓜
约含 890 微克
胡萝卜素

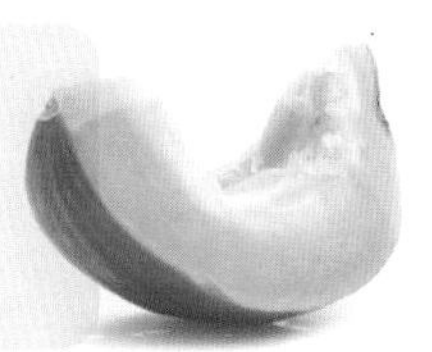

少吃辣味食物

对眼睛而言，最怕体内热上加热。辣味食物容易让身体上火，宝宝过多地摄入辣味食物可能会间接伤及眼睛，还容易发生结膜炎，导致视力减退等。如果是在北方，冬季空气干燥，更应少吃辣味食物，不然对眼睛的伤害会更大。

挑食与偏食

宝宝挑食和偏食会造成营养不均衡，一旦身体缺乏某些营养素，就可能影响眼睛的正常功能，而缺特定营养素可能导致视力衰退。所以宝宝辅食要做到荤素搭配、粗细搭配。

育儿经验分享

尽量为宝宝的眼睛提供一个色彩丰富的环境。在带宝宝享受自然环境的良性刺激时，还要注意防止紫外线直射宝宝的眼睛，以免导致电光性眼炎等，影响宝宝视力。夏季外出时，最好给宝宝戴一顶帽子或打一把遮阳伞，或让他在树荫下玩耍。宝宝房内最好选择无频闪的照明灯光。宝宝稍大后要买书，最好选择字体较大、颜色图案丰富的书籍。

睡前，妈妈将两手掌快速摩擦至发烫，而后迅速安抚于宝宝的双眼上，这时宝宝的眼睛会感到有一股暖流通过。如此反复数次，可改善宝宝的眼部血液循环。

吃甜食过多

1 岁以后的宝宝可以吃含糖的食物了，但也要注意量，不能多吃，否则不仅会导致宝宝肥胖和龋齿，还会影响宝宝的视力健康。因为甜食中的糖分会影响钙质吸收，使眼球巩膜弹性降低。所以，为了保护宝宝的眼睛，应该尽量少让宝宝吃甜食。

宝宝明目护眼食谱推荐

玉米豌豆粥 促进宝宝视力发育

材料 大米 20 克，鲜玉米 10 克，豌豆 5 克。

做法

1. 大米洗净，浸泡 30 分钟。
2. 鲜玉米和豌豆均洗净，放入开水中稍烫，去皮，捣碎。
3. 将大米和适量水倒入锅中，大火煮开，再放入玉米碎和豌豆碎煮成烂粥。

功效 玉米中含有的胡萝卜素、玉米黄素等，有助于护眼明目。豌豆中也富含对眼睛健康有益的胡萝卜素、叶黄素和玉米黄素。

苹果西蓝花芹菜汁 保护视力

材料 苹果 100 克，西蓝花 50 克，芹菜叶 10 克。

调料 白糖少许。

做法

1. 西蓝花洗净，切小朵；芹菜叶洗净，切碎；苹果洗净，去皮、核，切小块。
2. 将西蓝花、芹菜叶碎、苹果块放入全自动豆浆机中，加入适量凉白开，按下“果蔬汁”键，搅打均匀后倒入杯中，加入白糖，搅拌均匀即可。

功效 西蓝花汁中富含胡萝卜素、叶黄素，能保护眼睛，维持正常视力；还含膳食纤维，有助于调理肠胃。

猕猴桃橘子汁 养眼明目

材料 橘子 30 克，猕猴桃 40 克。

做法

1. 猕猴桃去皮，切小块；橘子去皮、去子，切小块。
2. 将猕猴桃块和橘子块放入榨汁机中，加入适量饮用水榨汁即可。

功效 猕猴桃和橘子富含叶黄素、胡萝卜素、维生素 C 等，能使眼睛明亮有神。

猪肝瘦肉碎 补肝明目

材料 猪肝 10 克，猪瘦肉 50 克。

调料 葱花 2 克。

做法

1. 猪肝洗净，切碎块；猪瘦肉洗净，剁碎。
2. 将肝碎和猪瘦肉碎放入碗中，加少许水搅匀，放入蒸笼中蒸熟，取出，撒上葱花即可。

功效 猪肝中含有丰富的维生素 A、锌、铁等，有补肝明目的效果。

头发乌黑浓密：不干不黄

了解宝宝头发枯黄的原因

甲状腺功能低下

这些原因会导致宝宝体内黑色素减少，缺乏使乌黑头发的基本物质，使黑发逐渐变黄。

营养不良导致的头发发黄饮食策略

应注意调配饮食，改善宝宝身体的营养状态，让宝宝多吃些富含蛋白质、胱氨酸及半胱氨酸的食物。它们是养发护发食品中的佳品。9 个月以上的宝宝可以吃黑芝麻、鸡蛋、猪肉、黄豆等。

育儿经验分享

有很多父母喜欢给满月宝宝剃光头，认为给婴儿剃光头有助于长头发。其实，给婴幼儿剃光头并不利于健康。因为婴幼儿头皮很薄，头皮下血管丰富，抵抗力差，加之其头皮较松软，头发细而柔软，不容易剃下来。如果剃光头，就很容易损伤宝宝头皮，细菌乘虚而入，引起头皮感染，以致影响宝宝健康。如果宝宝的头发长长了，可进行适当的修剪。

父母最好别用刮刀给新生儿剃光头，待宝宝出生 6 个月后，可适当修剪头发，但留头发也不宜过短。对于患湿疹或毛囊炎的孩子，剪短头发有助于护理和治疗。

头发也需要营养素的呵护

营养素	主要作用和来源
铁和铜	能够补血养血，血不亏，才能滋养头发，使宝宝头发乌黑浓密。含铁多的食物有动物血、动物肝脏、木耳、海带、大豆、芝麻等。含铜多的食物有动物肝脏、虾蟹类、坚果和豆类等
维生素A	能维持上皮组织的正常功能和结构完善，促进宝宝头发生长。富含维生素 A 的食物有猪肝、鸡肝、鸭肝、河蟹、鸡蛋、鹌鹑蛋等
维生素 B_1 维生素 B_2 维生素 B_6	如果缺乏这些 B 族维生素，宝宝头发发黄发灰。富含 B 族维生素的食物有谷类、豆类、干果和绿叶蔬菜等
酪氨酸	是头发黑色素形成的基础，如果缺乏酪氨酸，宝宝头发就会发黄。富含酪氨酸的食物有鸡肉、牛瘦肉、猪瘦肉、兔肉、鱼及坚果等

多食甜食

孩子头发发黄，可能与给孩子喂食过多的甜食有关。应多给孩子吃些海带、紫菜、鱼、牛奶、豆制品、蛋、瘦肉、蘑菇等。此外，多吃新鲜的蔬菜和水果，有利于改善头发发黄的状态。

同时还要注意，头发黄的孩子注意补锌。

育儿经验分享

第一次给宝宝梳头时不要用硬齿梳，否则会损伤头皮。橡胶梳，既有弹性又柔软，可以用来给小宝宝梳头，让宝宝头发顺其自然地梳至一个方向。如用牛筋带子或发夹把头发绑得太紧，会伤及鬓角或额头上的头发而使其变得渐渐稀疏。因此，婴幼儿不宜戴发夹或扎辫子。

宝宝乌发食谱推荐

麻酱花卷 **促进头发更黑亮**

材料 自发粉 200 克，芝麻酱适量。

做法

1. 自发粉倒入盆中，加入适量温水，揉成柔软光滑的面团，盖上湿布醒 30 分钟；芝麻酱倒入小碗中，加入少量植物油，搅拌均匀。
2. 面团醒好后揉匀，擀成大面饼，把芝麻酱倒在面饼上，抹匀，把面饼卷起来，切成块，两手抻拉面块，一一卷成花卷生坯。
3. 将做好的花卷生坯放到屉上，冷水蒸至开锅，转中火蒸 25 分钟即可。

功效 麻酱花卷中含有维生素及多种微量元素，有助于宝宝头发变得黑亮。

核桃豌豆羹 **让头发更黑亮**

材料 豌豆 30 克，核桃仁 15 克，藕粉 10 克。

调料 白糖少许。

做法

1. 豌豆煮熟烂，捣成泥。
2. 核桃仁去皮，剁成末。
3. 取藕粉，先加入一点冷白开冲调，搅拌均匀。
4. 锅中加水煮开，加白糖和豌豆泥，搅匀煮开。
5. 加入藕粉搅拌成糊状，撒上核仁末即可。

功效 核桃中含有铜、B 族维生素和维生素 E，能够让宝宝的头发健康黑亮。

黑芝麻小米粥 养血乌发

材料 小米 25 克，黑芝麻 10 克。

做法

1. 小米洗净；黑芝麻洗净，晾干，研成粉。
2. 锅置火上，加入适量清水，放入小米，大火烧沸，转小火熬煮。
3. 小米熟烂后，慢慢放入芝麻粉，搅拌均匀即可。

功效 黑芝麻含有维生素 E、B 族维生素、多种氨基酸及磷、铁等矿物质，有利于宝宝头发乌黑亮丽。

木耳炒肉 让头发更加浓密

材料 水发木耳 30 克，猪瘦肉 40 克。

调料 葱段、姜片各 3 克，盐 1 克，水淀粉 10 克。

做法

1. 木耳泡发，洗净，撕小朵；猪瘦肉洗净，切片，加少许水淀粉拌匀。
2. 锅置火上，放油烧至八成热，下入肉片，滑炒至变色时盛出。
3. 锅内留少许油，放入姜片、葱段、木耳，炒至快熟时，加入肉片，调入盐，用中火炒匀，用剩下的水淀粉勾芡即可。

功效 木耳属于黑色食物，中医认为黑色入肾，而且木耳富含铁，有生血乌发的作用，有利于宝宝头发生长。

抗霾养肺：畅通呼吸

多吃白色食物

按照中医五色入五脏的说法，白色食物润肺，清肺效果最佳。可以用白色食物做可口的养肺抗霾辅食，来保护宝宝的肺。6 个月宝宝可以吃大米；7 ~ 8 个月宝宝可以吃圆白菜心、梨等；9 ~ 10 个月宝宝可以吃豆腐等。此外，葡萄、石榴、柿子和柑橘虽然不是白色的，但也都是不错的养肺水果。肉食中的猪肝有不错的养肺功能，主要是去肺火，对干咳无痰等症状有一定辅助治疗效果。

食物生吃和熟吃润肺效果不同

想要给宝宝润肺，不仅要选好食物，还要注意吃法和烹饪方式。下面以藕、雪梨和白萝卜为例说明一下。

食材	生吃效果	适合月龄	熟吃效果	适合月龄
藕	清热润肺	（榨汁）6 个月以上	健脾开胃	1.5 岁以上
雪梨	清肺热，去实火	6 个月以上	清虚火	6 个月以上
白萝卜	清肺热，止咳嗽	（榨汁）6 个月以上	化痰	6 个月以上

肺也需要呵护

营养素	护肺功效	所含食物
萝卜硫素	有助清除肺部有害细菌，使肺部清洁	西蓝花、菜花、圆白菜、芥蓝、白萝卜等
胡萝卜素	在体内转化为维生素 A ，可以保护呼吸黏膜细胞，维持其正常形态与功能，还可防止黏膜受细菌伤害	西蓝花、胡萝卜、芥蓝、菠菜、韭菜、蜜橘、红薯、南瓜等
叶绿素	增强机体的抵抗力，减少某些化学毒物的致突变作用	菠菜、苋菜、油菜、芹菜、油麦菜、荠菜、茼蒿、空心菜等

秋季润肺多喝水

秋季气候干燥，宝宝的身体容易丢失大量水分，要及时补足这些损失，1 岁以上的宝宝，每天要喝够 6 杯（约 150 毫升的杯子）白开水，以保持肺脏与呼吸道的正常湿润度。还可增加室内湿度，保持呼吸道湿润。

多选择清淡饮食

多吃一些新鲜的蔬果，例如含有大量水分的梨，以及具有润肺止咳功效的柑橘等。

吃肥腻、口味重的食物

少吃一些肥腻、口味重（过咸或过甜）的食物，羊肉等热性食物也要少吃，以免引起肺部燥热上火。

雾霾之下，妈妈最想知道的事儿

宝宝必须出门时，最好由家长抱着

因为婴幼儿尚处于发育阶段，身材矮小，抵抗力较弱，而雾霾很容易沉积于低处，导致呼吸系统发育尚未完善的宝宝更容易发生各种呼吸系统疾病。所以，宝宝必须出门时，最好由家长抱着。

不建议3岁以内的宝宝戴口罩

小宝宝不会用语言表达自己的不舒服，戴口罩有引起窒息的危险，因此3岁以下的宝宝不建议戴口罩。

有条件的家庭可以买台空气净化器，对室内除霾有一定效果。没有空气净化器的家庭，可以准备一个加湿器。增加空气的湿度，有助于悬浮在空气中的颗粒物落到地面，减少宝宝吸入颗粒物的机会。

雾霾天少开窗通风

雾霾天应尽量少开窗户，以减少外部环境颗粒物进入室内。应当选择中午阳光较充足、污染物较少的时候开窗换气，将窗户打开一条缝，不让风直接吹进来，通风10～15分钟即可。

做好个人卫生

有幼儿的家庭，家长外出回家后应首先换掉外套和裤子，洗脸洗手，将室外的病原体隔离掉。宝宝如果也出门了，回家后应先给宝宝洗手、洗脸等，做好清洁工作。

宝宝抗霾养肺食谱推荐

白萝卜汤 **止咳化痰、清热降火**

材料 白萝卜200克。

调料 姜片适量。

做法

1. 白萝卜洗净，切小片，同姜片一起放入锅中。
2. 锅中加适量水，大火煮至白萝卜片熟即可。

功效 白萝卜汤不仅可以清热降火、止咳化痰、还可促进肠胃蠕动，有助于消化。

薏米雪梨粥 **保护肺部健康**

材料 薏米、大米各15克，雪梨半个。

做法

1. 将薏米淘洗干净，浸泡4小时；大米淘洗干净，浸泡30分钟；雪梨洗净，去皮，除核，切丁。
2. 锅中放入薏米、大米和适量清水，大火煮开后，转小火煮至米粒熟烂，再放入雪梨丁煮开即可。

功效 雪梨是公认的润肺食物；而富含维生素E的薏米也可保护肺部健康。二者搭配食用，润肺效果更好。

百合粥 清心润肺

材料 鲜百合 15 克，（去心）莲子 10 克，大米 25 克。

做法

1. 鲜百合、大米分别用清水洗净，大米浸泡 30 分钟；莲子洗净，用水泡 2 小时。
2. 锅置火上，加适量水，放入莲子、大米，大火烧沸，再放入鲜百合，转小火煨煮 30 分钟左右即可。

功效 百合入心经，性微寒，能帮助宝宝滋阴润肺。莲子补脾、益肺、养心。

白萝卜山药粥 补肺化痰

材料 白萝卜 30 克，山药 15 克，大米 25 克。

调料 香菜末 4 克。

做法

1. 白萝卜洗净，去皮，切小丁；山药洗净，去皮，切小丁；大米淘洗干净，浸泡 30 分钟。
2. 锅置火上，加适量清水烧开，放入大米，用小火煮至八成熟，加白萝卜丁和山药丁煮熟，撒上香菜末即可。

功效 白萝卜能止咳化痰、清除肺内积热；山药能健脾补肺。两者结合，利于宝宝化痰止咳。

PART 4 常见病辅食喂养指导，让宝宝远离身体不适

发热：沉着应对

总体饮食宜清淡

发热时唾液的分泌量，胃肠的活动都会减弱，消化酶、胃酸、胆汁的分泌都会相应减少，而食物如果长时间滞留在胃肠道里，就会发酵、腐败，最后引起中毒。

坚持母乳喂养

发热时，母乳宝宝要继续母乳喂养，并且增加喂养的次数和延长每次吃奶的时间。人工喂养的宝宝可以将配方奶冲稀一点，或多给一些白开水。

体温上升期选择易于消化的辅食

发热时，宝宝添加的辅食应易于消化，以流食或半流食为主。根据宝宝月龄选择酸奶、牛奶、藕粉、小米粥等。可以采用少食多餐的方式给宝宝辅食。两餐之间喂一些白开水、绿豆汤、果汁等。

育儿经验分享

大脑的下丘脑负责调节体温，宝宝因为大脑发育不够完善，接到这个调节信号后经常会出现调节过度的情况，所以宝宝比大人更容易发热。给宝宝洗温水浴是不错的物理降温方法。

通常妈妈会采用冰袋冷敷头颈、腋下及两侧腹股沟的退热方法。需要提醒，冰袋外需要包裹毛巾或一层布，避免过冷刺激伤害宝宝。

发热伴有腹泻、呕吐，需缓解电解质紊乱

发热伴有腹泻、呕吐，但症状较轻的，可以少量多次服用自制的口服糖盐水，配制比例为 500 毫升水或米汤中加一平匙（10 克）葡萄糖和少许食盐。

1 岁左右的宝宝，4 小时内服 500 毫升（也可购买低渗口服补液盐，按照本书第 208 页进行配制、服用）。同时还可以适当吃一些缓解电解质紊乱的食物，如柑橘、香蕉等水果（含钾、钠较多），奶类与豆浆等（含钙丰富），米汤或面食（含镁较多）。症状较重的，需要让宝宝在医生指导下暂时禁食，以减轻胃肠道负担，并及时就医。

体温下降食欲好转时改半流质饮食或软食

宝宝体温下降食欲好转时，建议以清淡、易消化为饮食原则，少食多餐，如藕粉、稠粥、鸡蛋羹、面片汤等。不必盲目忌口，以防营养不良，抵抗力下降。伴有咳嗽、痰多的宝宝，不宜过量进食，不宜吃海鲜，也不宜吃过咸、过油腻的菜肴，以防引起过敏或刺激呼吸道疾病，加重症状。

多饮白开水，防止脱水

宝宝发热时，促进出汗、排尿才能让体温降下来。所以这时候一定要让宝宝多喝水。

强迫进食

有些妈妈认为发热会消耗营养，于是强迫宝宝吃东西。其实这样做会适得其反，反而让宝宝倒胃口，甚至引起呕吐、腹泻等，加重病情。

吃鸡蛋

鸡蛋营养丰富，但不宜在发烧期间多吃，尤其是煎荷包蛋或炒鸡蛋。因为鸡蛋的有一种成分叫卵蛋白。卵蛋白是一种完全蛋白质，99.7% 能被人体吸收。人摄入这种蛋白质后会产生一定的额外热量，使机体热量增高，加剧发烧症状。同理，发热时也不要吃太多瘦肉、鱼等高蛋白食物。

缓解宝宝发热食谱推荐

雪梨汁 清热润肺

材料 雪梨1个。

做法

1. 将雪梨洗净，去皮、去核，切成小块。
2. 将雪梨块放入榨汁机，加适量水榨成汁即可。

功效 具有清热、润肺、止咳的作用，适用于发热伴有咳嗽的宝宝。

爱心提醒

由于梨有一定的酸度，打成梨汁会更感觉酸，如果是1岁以内的宝宝，多过滤几次，口感会好一点。而宝宝1岁后可以稍微加点糖。

苹果汁 中和体内毒素

材料 苹果50克。

做法

1. 苹果洗净，去皮、去核，切小块。
2. 将苹果块放入榨汁机中，加入适量饮用水，搅打均匀即可。

功效 苹果含有维生素C，可以补充营养，还可以中和体内毒素，促进身体散热、降温。

爱心提醒

一定要保证苹果本身的品质和新鲜度。对于从来没有喝过苹果汁的小宝宝来说，最好从1汤匙开始。

西瓜汁 清热排毒

材料 西瓜肉 50 克。

做法

1. 西瓜肉去子，切小块。
2. 西瓜块放入榨汁机中，加适量水打成汁即可。

功效 具有清热、解暑、利尿的作用，可以促进毒素的排泄。

爱心提醒

早期添加辅食，可以尝试一下清淡的蔬果汁，最好给宝宝喝稀释过的西瓜汁。

葡萄汁 补充水分和钾

材料 葡萄 30 克，苹果 15 克。

做法

1. 将葡萄洗净，去皮，去子；苹果洗净，削皮，去核，切块。
2. 将葡萄肉、苹果块分别放入榨汁机中榨汁，果汁按 1 ： 1 的比例对温水后即可食用。

功效 能补充因感冒、发烧失去的水分和钾。

爱心提醒

使用淘米水或是面粉水来清洗葡萄，可以较好地洗净其表面残留的农药及脏污。在清洗之前不要把葡萄蒂去掉，以免细菌从破皮的地方进入果肉。

感冒：对症调理

辨清类型，对症饮食

咳嗽类型	典型表现	饮食建议
风寒感冒	严重怕冷，轻度发热、头痛、流清涕、咽痒、咳嗽、痰稀，口不渴，或口渴喜热饮	选用生姜、葱白、大蒜、香菜、洋葱、红糖等发汗散寒之品，做成姜汤、暖粥等
风热感冒	发热较明显，轻微怕风、汗出不畅、头痛、流黄浊涕、痰黏、咽喉红肿疼痛、口渴	选用梨、白萝卜、白菜、绿豆、豆腐、荸荠、猕猴桃、薄荷等清热散热之品做成果汁、稀粥等
暑湿感冒	发热、轻微怕风、头昏、流浊涕、胸闷、恶心、小便少，有中暑症状	选用扁豆、红小豆、绿豆、薏米、丝瓜、冬瓜、海带等清暑祛湿之品做成豆粥、瓜汤等

1岁以内宝宝吃富含维生素C的蔬果

6个月以上的宝宝由于免疫系统尚未发育成熟，很容易感冒。感冒后，宝宝可能不喜欢吃东西，这时可以根据宝宝的月龄选择相应的食材给宝宝做色香味俱佳的辅食。如6个月宝宝可吃胡萝卜、苹果等；7～9个月宝宝可以吃洋葱、冬瓜等；10～12个月宝宝可以吃绿豆芽等。这样，既能满足宝宝成长需要，还能补充宝宝因为感冒伴随发热流失的水分，防止宝宝出现虚脱的情况。

喝热饮，减少流鼻涕

一项研究发现，热果汁对普通感冒和流感症状的缓解效果令人惊讶。喝一些略带苦味的热饮缓解感冒也特别有益。很多医生建议喝加蜂蜜、姜的热水和鲜柠檬汁，但 1 岁以内不能给宝宝吃蜂蜜。

育儿经验分享

对于感冒，休息至关重要，尽量让宝宝多睡觉，适当减少户外活动。如果宝宝鼻子堵了或者痰多，可以在宝宝的褥子底下垫上毛巾，使头部稍稍抬高，以促进痰液排出。

补点锌试试，能缩短病程

研究发现，补锌能够增强人体免疫力，从而缓解感冒的症状，并缩短病程。液体的锌吸收最好，一般建议首选液体补锌剂，这一点对于儿童尤为重要，但要在医生指导下进行。

含锌较多的食物有牡蛎、扇贝、蛤蜊、蘑菇、牛瘦肉、猪肝、蛋黄、黑芝麻、南瓜子、西瓜子、核桃及鱼类等。

吃太多

医学专家认为，孩子感冒发热时宜饿不宜吃撑。奥妙在于适度的饥饿状态，可使机体产生大量对抗急性细菌感染的物质。研究发现，免疫系统对进食和饥饿的反应有所不同，禁食一天后的化验检查显示，血液中一种称为白细胞介素 -4 的物质水平升高了 4 倍，正是这种物质能促进机体产生抗体。

喂养经验分享

多数情况下婴幼儿的感冒是病毒感染，一旦出现细菌感染，基本上都是交叉感染引起的。而在母婴接触的同时，妈妈身上的病毒和细菌可以通过呼吸道传播，并传染给宝宝，包括妈妈眼睛的分泌物、鼻腔分泌物、唾液等，都有可能传染宝宝。

因此，患了感冒的妈妈在给宝宝喂奶时，最好戴上口罩，尽可能避免通过呼吸和飞沫把感冒病毒或细菌传染宝宝。尽量少接触宝宝，抱宝宝前先洗手，不要直接对着宝宝呼吸，以免传染。

缓解宝宝感冒食谱推荐

白菜绿豆饮 清热解毒

材料 白菜帮 2 片，绿豆 30 克。

调料 白糖少许。

做法

1. 绿豆洗净，放入锅中加水，用中火煮沸后转小火煮至半熟；将白菜帮洗净，切成片。
2. 白菜帮片加入绿豆汤中，同煮至绿豆开花、白菜帮烂熟，加入白糖调味即可。

功效 此饮品有清热解毒的作用，非常适合感冒的宝宝饮用。

生姜萝卜汁 清热解毒

材料 白萝卜 50 克，生姜 5 克。

调料 蜂蜜少许。

做法

1. 将白萝卜切碎，压出汁；将生姜捣碎，榨出少量姜汁，加入白萝卜汁中。
2. 生姜萝卜汁中冲入温水，用蜂蜜调匀即可。

功效 白萝卜中的萝卜素对预防感冒具有独特作用。本汁还可清热、解毒、祛寒。

薄荷西瓜汁 改善风热感冒

材料 西瓜 50 克，薄荷叶 5 克。

做法

1. 西瓜去皮、去子，切小块；薄荷叶洗净。
2. 将上述食材倒入全自动豆浆机中，加适量清水，按下“果蔬汁”键，打成果汁，倒入杯中即可。

功效 此果汁有消炎降火，预防风热感冒的作用，非常适合宝宝饮用。

热鸡汤 预防感冒

材料 母鸡肉 50 克，山药、胡萝卜、荸荠各 20 克，玉米笋、薏米各 10 克，红枣 5 克。

调料 姜片适量，盐少许。

做法

1. 薏米洗净，浸泡 2 小时；母鸡肉洗净，切块；山药、胡萝卜、荸荠去皮，洗净，分别切块；玉米笋洗净，切块。
2. 油锅烧热放入鸡块炒香，再倒入砂锅中，加适量清水、山药块、胡萝卜块、荸荠块、玉米笋块、薏米、红枣、姜片以大火烧开，撇去上面浮油，改小火慢炖 30 分钟，加盐调味即可。

咳嗽：润肺止咳

辨清类型，对症饮食

咳嗽类型	典型表现	饮食建议
风寒咳嗽	舌苔发白，出现怕冷、畏寒、怕风等症状，流清涕或是鼻腔干燥，没有鼻涕。咳嗽无痰或是吐白色泡沫痰	生姜、红糖、大蒜、葱白、橘子、鸡汤等
风热咳嗽	舌尖、口唇很红，伴有口臭、眼屎多、流黄鼻涕、吐黄痰	绿豆汤、西瓜、冬瓜、白萝卜、荸荠、白菜、梨、猕猴桃、枇杷等
支气管炎导致的咳嗽	气短，呼吸时带喘鸣音；频繁咳嗽，并产生痰液；伴有轻度发热、有疲劳感	山药、百合、胡萝卜、杏仁、猪肺、梨、蜂蜜、藕、核桃、丝瓜花等
积食性咳嗽	积食、咳嗽、发热、呕吐及厌食等症状。最典型的症状是白天不咳，睡觉一平躺就咳个不停	小米、白萝卜、鸡内金、山楂、麦芽、陈皮等
过敏性咳嗽（咳嗽性哮喘）	小儿过敏性咳嗽以持续性或反复性咳嗽为主要症状，多在接触过敏原或刺激性气味后咳嗽，夜间明显，使用抗生素往往适得其反	饮食清淡，避免食用过敏原食物及冷饮、甜食等

多喝白开水利于排痰

要喝足够的水来满足患儿生理代谢需要。因为充足的水分可帮助稀释痰液，使痰易于咳出。需要注意的，绝不能用饮料来代替白开水。

未添加辅食的宝宝

一般来说，母乳喂养的宝宝只要吃奶状况正常，就不需要再额外补充水分。除非天气非常炎热，室内没有空调，才可以补充少量白开水。而吃配方奶的宝宝，要按时喝水。

添加辅食的宝宝

6 个月之后的宝宝，多半已经开始接触奶之外的辅食，水分摄取的来源更加丰富。因此，可以在宝宝进食后或两餐之间补充适量白开水。

补充维生素 C 有助于缓解咳嗽

维生素 C 是体内的清道夫，能清除包括病毒在内的各种毒素，缩短感冒时间。维生素 C 可以减少咳嗽、打喷嚏及其他症状。补充维生素 C 最简便的方法就是吃橙子、葡萄柚等柑橘类水果。要注意，痰多的时候不宜进食酸味水果，因为酸能敛痰，使痰不易咳出。

多食过于咸甜的食物

吃过咸的食物易诱发咳嗽或使咳嗽加重，吃甜食助热生痰，所以应尽量少吃。咳嗽时禁食刺激性食物，如辛辣、油炸及致敏性的海产品。咳嗽期间，务必严格控制饮食，拒绝鱼虾、羊肉等各种发物。

吃凉食物

咳嗽时不宜让宝宝吃寒凉食物，尤其是冷饮或冰激凌等。中医认为身体一旦受寒，就会伤及肺脏。如果是因肺部疾患引起的咳嗽，此时吃冷饮，就容易造成肺气闭塞，症状加重，日久不愈。

另外，宝宝咳嗽时多会伴有痰，痰的多少跟脾有关，而脾主管饮食消化及吸收，一旦过多进食寒凉冷饮，就会伤及脾胃，造成脾功能下降，聚湿生痰。

缓解宝宝咳嗽食谱推荐

蒸大蒜水 改善风寒咳嗽

材料 大蒜2～3瓣。

做法

1. 取大蒜2～3瓣，拍碎，放入碗中，加入半碗水，放入蒸锅。
2. 大火烧开后，改用小火蒸15分钟即可。

功效 大蒜性温，入脾胃、肺经，治疗寒性咳嗽、肾虚咳嗽效果都非常好。

梨丝拌萝卜 改善风热咳嗽

材料 白萝卜50克，梨35克。

调料 姜丝少许。

做法

白萝卜洗净，去皮，切成丝，用沸水焯2分钟捞起；梨洗净，去皮、核，切丝。萝卜丝、梨丝和姜丝三者拌匀即可。

功效 白萝卜下气化痰止咳，梨润肺生津止咳。

百合枇杷藕羹 改善支气管炎咳嗽

材料 小米、干百合各15克，枇杷、鲜藕各30克。

调料 水淀粉适量，白糖少许。

做法

1. 小米洗净；干百合洗净略泡；枇杷洗净，去皮、核；鲜藕洗净，去皮，切薄片。
2. 四者合煮将熟时放入适量水淀粉，调匀成羹，食用时加白糖。

功效 百合为滋补肺阴佳品，枇杷清肺止咳，鲜藕凉血而清气，对干咳无痰者有预防和辅助治疗的作用。

蜂蜜蒸梨 改善阴虚久咳

材料 鸭梨1个，枸杞子5克，蜂蜜少许。

做法

1. 将鸭梨用清水洗干净，然后用刀削掉顶部，再用小勺将内部的核掏出来。
2. 将梨肉挖出一些，放清水、枸杞子、蜂蜜。
3. 梨放小碗内，上锅蒸20分钟即可。

功效 蜂蜜蒸梨能滋阴润肺、止咳化痰、护咽利嗓。

便秘：调理肠道

根据宝宝便秘类型调理饮食

便秘类型	原因或症状	饮食策略
常规性便秘	因肠道蠕动能力下降引起	从蔬菜和谷类中摄取大量的不溶性膳食纤维
痉挛性便秘	大便一块一块断裂	从水果、海藻中摄取丰富的水溶性膳食纤维

多吃富含膳食纤维的辅食

3 岁以内的宝宝有了自己的主观意识，爱吃一些食物，不喜欢吃另外一些食物，慢慢就变成了挑食宝宝。有些宝宝喜欢吃肉，不喜欢吃蔬菜，结果导致蛋白质吃得太多（如猪瘦肉、鸡蛋等），水果、蔬菜、菌菇类、粗粮吃得少，从而导致便秘。这时就要多食用一些富含膳食纤维的辅食，以促进肠胃蠕动，保证排便顺畅。

正确补水

婴幼儿喝水应以不影响正餐为原则，可以通过观察宝宝每天的排尿状况来判断宝宝是否缺水。一般来说，1 岁以下宝宝每天应该换 10 ~ 12 次纸尿裤，年龄较大的宝宝每天应该排尿 6 ~ 8 次。当宝宝出现以下五种状况时，就需要及时补水。

尿味很重　便秘　尿的颜色很黄　嘴唇干裂　哭泣时没有眼泪

喝水三多原则

1. 多尝试

每个宝宝的喜好与个性都不同，无论用汤匙喂、用吸管喝水，还是用普通的杯子，都建议让宝宝多多尝试，找到宝宝喜欢的喝水方式。

2. 多练习

不妨为宝宝选购个人专属的可爱水杯，让宝宝因为喜欢水杯而喜欢上喝水，用循循善诱的方式多练习喝水。

3. 多鼓励

与其一味禁止宝宝喝饮料，不妨用赞美代替说教，鼓励并称赞宝宝多喝水的行为。

吃未熟透的香蕉

未熟透的香蕉不但不能缓解便秘，还可能导致便秘。除了那些青绿色的香蕉不熟外，有的香蕉虽然外表很黄，但吃起来却肉质发硬，甚至有些发涩，这样的香蕉也没有熟透。

未熟透的香蕉含有较多的鞣酸，如灌肠造影中使用的钡剂一样，难以溶解，且对消化道有收敛作用，会抑制肠胃分泌消化液，并抑制肠胃蠕动。如果摄入过多会引起便秘或加重便秘。

饮食结构不合理

有些宝宝一日三餐很规律，但喜欢吃零食，喜欢吃肉，不喜欢吃蔬果，不爱喝水，久而久之就会便秘。因为宝宝饮食中膳食纤维含量过少，导致便便在肠道停留时间过久，水分被肠道过度吸收，加之饮水不足，导致大便干燥、僵硬，从而难以排出。

一般来说，益生菌可以辅助治疗宝宝便秘，但太多的益生菌会让宝宝走向另一个极端：腹泻。所以，给宝宝选择有益于肠道蠕动的食物或药物，应首先咨询医生。食物中膳食纤维能促进肠道蠕动，有利于宝宝顺利排便。所以，当宝宝因饮食结构不合理导致便秘时，应进行调整饮食。

过于依赖蜂蜜

根据宝宝的身体发育情况，一般来说，1 岁以前不添加蜂蜜，1 岁以后要谨慎添加，真正适合宝宝添加蜂蜜是 3 岁以后。所以，对于 3 岁以上宝宝便秘，适量喝点蜂蜜水没有问题，但不能依赖蜂蜜水通便。必须让宝宝养成良好的生活习惯，均衡膳食结构。平时多吃全麦、糙米、蔬菜、水果等富含膳食纤维的食物，避免出现偏食、挑食的毛病。让宝宝足量有效地饮水，帮他养成规律的排便习惯。

缓解宝宝便秘食谱推荐

香蕉米糊 **辅助治疗便秘**

材料 香蕉 40 克，婴儿米粉 15 克。

做法

1. 香蕉剥皮，用小勺刮出香蕉泥。
2. 用温水将米粉调开，放入香蕉泥调匀即可。

功效 香蕉米糊色、香、味都很纯正，而且含有一定的膳食纤维，能帮助宝宝消化，缓解宝宝便秘。

胡萝卜红薯汁 **润肠通便**

材料 红薯 30 克，胡萝卜 20 克。

调料 酸牛奶 15 毫升。

做法

1. 红薯洗净、去皮、切小块、蒸熟，凉凉；胡萝卜洗净，切丁。
2. 将红薯块、胡萝卜丁和酸牛奶放入榨汁机中，加适量饮用水，搅打均匀即可。

功效 红薯可以润肠通便，预防便秘，加上胡萝卜和酸牛奶，还能够保护视力，促进骨骼健康发育。

魔芋香果 **促进肠胃蠕动**

材料 魔芋、苹果、菠萝、橘子各20克。

调料 水淀粉适量。

做法

1. 魔芋洗净，切块；苹果洗净，去皮，去核；菠萝取果肉，两者切丁；橘子剥皮，掰开橘瓣。
2. 将魔芋放入锅中，加适量水煮沸，继续煮20分钟。
3. 将其他的材料一同加入锅中，煮15分钟左右。
4. 最后稍微加少许水淀粉，边加边搅拌即可。

功效 魔芋富含膳食纤维，和苹果、菠萝、橘子搭配，酸甜可口，能促进肠胃蠕动，缓解便秘。

百合蜜 **软便润肠**

材料 百合20克，蜂蜜少许。

做法

1. 将百合洗净。
2. 将百合放入瓷碗中，入沸水锅中隔水蒸软，凉凉，再放入蜂蜜拌匀。

功效 百合蜜有润肠通便的功效，适合大便秘结的宝宝食用。

爱心提醒

百合属性偏凉，不宜多食。风寒咳嗽、虚寒出血及脾虚便溏者应忌食。

腹泻：补水止泻

可自制液体给宝宝补水

1 岁以上宝宝腹泻了，要给予充足的液体补充，以免出现脱水。宝宝不吐时，想办法让宝宝多喝水。妈妈可以采取以下两种方法。

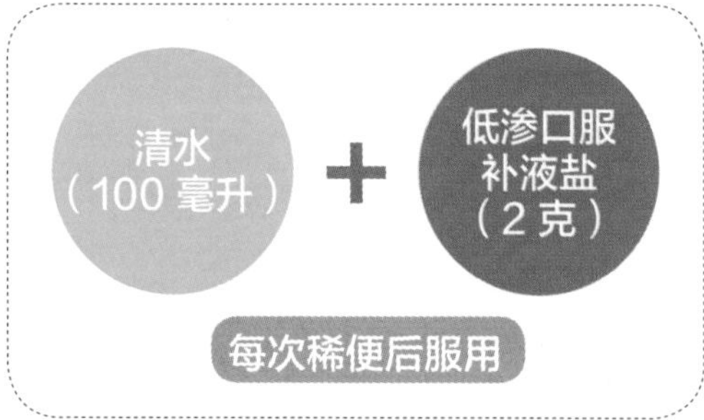

用口服补液盐补水

如果宝宝出现轻微腹泻并伴有呕吐，可以去买口服补盐液（一般药店都有）加入到宝宝的饮食中。如果是严重腹泻，应及时就医。

口服补盐液估计摄入量

年龄	每次稀便后补充量（毫升）
<6 个月	50
6 个月 ~ 2 岁	100
2 ~ 10 岁	150
10 岁以上	能喝多少就喝多少

注：本数据来自 2016 新版《中国儿童急性感染性腹泻病临床实践指南》。

如果宝宝不喜欢口服补液盐味道，可以给宝宝喝点苹果汁。喝的时候加入白开水，既能保证摄入足够水分，还能缓解电解质紊乱。因为苹果汁的糖分不是乳糖，不会加重宝宝肠道负担。

腹泻期间喝腹泻奶粉

宝宝腹泻期间，如果是人工喂养或混合喂养，最好咨询医生是否需要换成腹泻奶粉。因为腹泻期间肠道黏膜受损，会使肠道黏膜上的一种消化奶制品中乳糖的“乳糖酶”受到破坏，即使平时吃母乳、配方奶不会出现任何问题的宝宝也容易发生乳糖不耐受的情况。如果是这种情况，要改为腹泻奶粉。

禁食或错食

有些妈妈看到宝宝腹泻了，认为少给宝宝吃母乳或配方奶，就可以了。

其实，这种做法是不对的。因为如果宝宝吃不到食物，就会减少排泄量，病菌不易排出体外，腹泻反而不容易好。所以，宝宝腹泻期间一定要让宝宝吃饱，以便病菌有机会排出体外。

病菌排得越多，肠道损伤好得越快。所以说，宝宝腹泻期间不能减少宝宝的奶量。有些宝宝腹泻一次会瘦很多，主要是因为水分丢失和营养不足导致的。出现在这种情况，主要是两个原因：一是禁食；二是错食，虽然吃了东西，但吃的东西不对，身体无法吸收。所以，腹泻期间给宝宝吃什么是有讲究的。

宝宝腹泻时，肠道的消化吸收能力比较弱，而且食物、病菌都可能伤害肠道黏膜。肠道黏膜一旦受损，腹泻就会越来越严重。如果是刚出生的宝宝肠道没有黏液这层保护膜，多吃母乳。如果是人工喂养的宝宝，就需要选择特殊婴儿配方奶——腹泻奶粉。

常吃流食

很多妈妈都认为，腹泻期的宝宝应以流食为主，其实是不对的。这种情况下的腹泻，可能是流食对肠道形成了异常的刺激，也可能是饮食中蛋白质、脂肪不足导致的。在急性腹泻期，可给患儿喂稀粥、稀藕粉、稀面糊等流质饮食。在腹泻好转期，应给宝宝吃些易消化及营养丰富的流质或半流质食物，如烂面条、鸡蛋羹、瘦肉泥等，但要少食多餐。

多吃富含膳食纤维的食物

1 岁以后的宝宝比较容易发生腹泻，以夏秋季最多。此时，要少给宝宝吃富含膳食纤维的食物，如芹菜、海带等。因为膳食纤维不易被消化，吃多会加重宝宝腹泻。

缓解宝宝腹泻食谱推荐

胡萝卜小米汤 减少腹泻次数

材料 小米 25 克，胡萝卜 30 克。

做法

1. 小米淘净，熬成小米粥，取上层米少的米汤，凉凉；胡萝卜去皮洗净，切块，蒸熟。
2. 将胡萝卜捣成泥，与小米汤混合，搅拌均匀即可。

功效 胡萝卜中所含的挥发油能起到促进消化和杀菌的作用，可减轻腹泻和小儿胃肠负担。临床研究表明，在给腹泻患儿喂食胡萝卜泥时适量喝点小米汤，可减少腹泻的次数。

炒米煮粥 止泻、促进消化

材料 大米 25 克。

做法

1. 把大米放到铁锅里用小火炒至米粒稍微焦黄。
2. 然后用这种焦黄的米煮粥。

功效 焦米具有吸附肠腔内腐败物质的作用，有祛毒止泻的功效。

爱心提醒

炒米粥只适于生理性腹泻或普通肠道不适，对于病毒性腹泻或细菌性腹泻，不作为调理首选。

蒸苹果 止泻

材料 苹果 1 个。

做法

1. 洗净苹果，将苹果对半切开，去核。
2. 将苹果切成均匀的小块放入盘子中，上锅大火蒸 5 分钟即可。

功效 将苹果切块上锅蒸，可以在短时间蒸熟，如果不喜欢切块，可以整个苹果上锅蒸熟，对于较小的宝宝用勺子刮着喂食。

山药苹果泥 防止腹泻

材料 山药 50 克，苹果 30 克。

做法

1. 山药洗净，去皮，切块后上锅蒸熟；苹果洗净，去皮和核，切成小块。
2. 将山药块和苹果块放入搅拌机打成泥即可。

功效 苹果富含果胶、苹果酸、维生素等，搭配山药一起食用，有防止腹泻的功效。

厌食：健脾开胃

饮食应定时定量

家长要帮助宝宝养成吃饭定时定量、不吃零食、不偏食的饮食习惯。还要多给宝宝安排多种食材，注意营养平衡，为宝宝营造舒适的就餐环境。

吃消食健脾的食物

家长可以给宝宝吃些消食健脾的食物，如山楂、白萝卜、陈皮等。这样能加强脾胃运化功能，起到缓解宝宝厌食的作用。

及时补锌

对于因缺锌导致的厌食，家长可以给宝宝吃些含锌丰富的食物，如牡蛎、猪肝、核桃等。如果宝宝缺锌严重的话，就应根据医生的建议选择补锌制剂。

让宝宝独立吃饭

家长应放手让宝宝自己吃饭，让宝宝尽快掌握这项生活技能，也为幼儿园生活做好准备。尽管宝宝已经学习过拿勺子，甚至会用勺子了，但有时还是愿意用手直接抓饭菜，这样吃起来更方便。

爸爸妈妈要允许宝宝用手抓取食物，并提供一些利于手抓的食物，如小包子、面包片、黄瓜条、胡萝卜条等，以提高宝宝吃饭的兴趣，让宝宝主动吃饭。

更换食物花样

家长应该经常更换食物的花样，如同一种食材可以不断变化，切成块、丁、片、丝或者使用可爱的食物模型改变形状，唤起宝宝的好奇心，让他感觉吃饭也是件有趣的事。

食物做成的可爱动物造型，能吸引宝宝的兴趣。

育儿经验分享

1. 让宝宝俯卧在床上，家长用双手的拇指、食指和中指合作，将宝宝脊柱两旁的肌肉和皮肤捏起，自尾椎两旁双手交替向上推动，直到大椎穴（后背正中线上，第7颈椎棘突下凹陷中）两旁，算作捏脊一次。重复捏脊3～5次，到最后一次时，用手指将肌肉提起，放下后再用双手拇指在宝宝脊柱两旁做按摩。这种捏脊方法有调理脾胃，调和阴阳，疏通经络的功效，对辅助治疗小儿厌食有效。

2. 让宝宝仰卧在床上，家长一边给宝宝讲故事或唱儿歌，让宝宝充分放松，一边用右手四指并拢，在宝宝的腹部按顺时针方向轻轻按摩。每次按摩15～20分钟，每天睡前1次，有利于促进肠胃蠕动，缓解宝宝厌食情况。

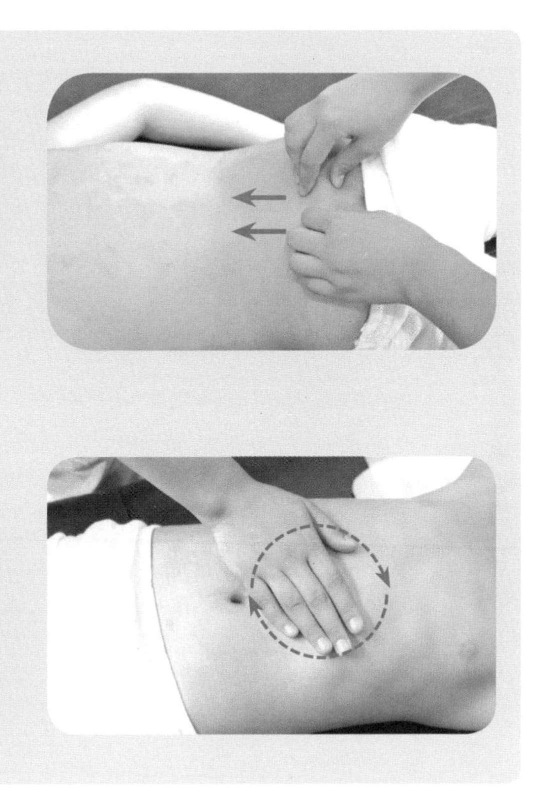

在宝宝面前评论饭菜

有些家长就有偏食、挑食的习惯，常常无意识地在饭桌上评论饭菜好吃或不好吃，这样很容易无意间影响宝宝对饭菜的喜好。所以，家长不在宝宝面前评论饭菜，有利于预防宝宝厌食。

强迫宝宝进食

有些家长为了宝宝能多吃点饭，花费大量的心思给宝宝做辅食，但一看到宝宝不爱吃，就火儿大，下意识的行为就是强迫宝宝进食。时间长了宝宝就会见了饭菜就紧张，吃不了多少就“饱”了，并因此厌食。

缓解宝宝厌食食谱推荐

山楂粥 开胃消食

材料 山楂 10 克，大米 20 克。

调料 白糖少许。

做法

1. 先将山楂洗净，入砂锅中煎取浓汁；大米洗净，浸泡 30 分钟。
2. 将山楂汁去渣后和大米、白糖一起加水煮成粥。

功效 山楂含大量的维生素 C 及酸性物质，如苹果酸、柠蒙酸、山楂酸等，可增加胃液中淀粉酶、脂肪分解酶等，起到帮助消化的作用。

陈皮粥 顺气健脾

材料 陈皮 10 克，大米 25 克。

做法

1. 陈皮洗净，放入锅中，加适量水，煎取药液，去渣取汁；大米洗净，浸泡 30 分钟。
2. 锅置火上，加适量水和陈皮汁烧开，放入大米熬粥即可。

功效 陈皮所含的挥发油有利于胃肠积气排出，能促进胃液分泌，有助于消化，适合厌食宝宝食用。

山楂麦芽饮 健脾，增强食欲

材料 山楂、炒麦芽各 10 克。

调料 红糖 1 克。

做法

1. 山楂洗净；炒麦芽洗净。
2. 锅中放入山楂、炒麦芽和适量清水，熬煮 30 分钟，去渣取汁，加入红糖调味即可。

功效 山楂所含的解酯酶有促进胃液分泌的功能，能促进脂类食物的消化，缓解宝宝厌食。

鲫鱼姜汤 增进食欲

材料 鲫鱼 1 条。

调料 生姜 12 克，橘皮 10 克，盐 2 克。

做法

1. 将鲫鱼去鳞、鳃和内脏，洗净；姜洗净，切片，与橘皮一起用纱布包好填入鱼腹内。
2. 锅内加适量水，放入处理好的鲫鱼，小火熬汤，加盐调味即可。

功效 鲫鱼汤鲜美可口，有健脾利湿、和中开胃、增进食欲的功效。

流涎：区别对待

生理性流涎不必治疗

生理性流涎常见的有两个原因：一是宝宝由于进食时添加了含淀粉的食物，口水的分泌量会大大增加，而孩子的吞咽功能尚未发育成熟，口腔较浅，闭唇和吞咽动作尚不协调，口水不能及时吞下；二是宝宝的牙齿在 6 个月时开始萌出，对口腔内神经产生刺激，造成唾液分泌量大量增加，这时口水流得就会增多。

病理性流涎见于患儿患病毒性感冒、持续高热、食欲减退、呕吐或腹泻时，导致维生素缺乏，很容易发生口腔炎症、舌炎、口腔溃疡、舌溃疡等。这种口水常为黄色或血性，带有特殊的气味。

以正确的方式护理宝宝流涎

1. 宝宝流口水时可用细软的纱布清洁宝宝的口腔，培养宝宝养成早晚刷牙、饭后漱口的习惯。

2. 给宝宝用围兜。围兜可以保护外衣不被弄脏，还可帮助孩子从小养成爱整洁、讲卫生的好习惯。

3. 唾液中含有口腔中的一些杂菌及淀粉酶等，对皮肤有一定的刺激作用，如果不精心护理，口周皮肤就会发红，起小红丘疹，需涂上一些婴儿护肤膏。

分阶段提升宝宝的咀嚼能力

6 个月以上的宝宝可以啃点磨牙饼干、牙胶等，以减少牙龈不适，刺激乳牙萌出，减少流涎。此外，让宝宝口腔多接触勺子，也能有效锻炼咀嚼能力。

宝宝长牙后，尽量少给他们吃流食，半流食，或煮得特别烂的食物，要选择稍硬的东西（如鸡蛋饼等）来提高咀嚼能力。

饮食分类型对付流涎

1. 对于脾胃积热的宝宝，妈妈应选择清热养胃、泻火利脾的食物，如绿豆汤、丝瓜汤、雪梨汁、西瓜汁等。

2. 对于脾胃虚寒的宝宝，妈妈可选择虾、海参、羊肉、韭菜、核桃等具有温和健脾作用的食物。

3. 对于脾虚的宝宝，应该适量多吃一些能补脾益气、醒脾开胃及消食的食物，如小米、薏米、熟藕、栗子、山药、扁豆、豇豆、葡萄、红枣、胡萝卜、土豆、香菇等。

吃刺激性食物

葱、姜、蒜、辣椒等具有刺激性，流涎较多的宝宝尽量少食。

吸吮安抚奶嘴时间过长

小婴儿需要安抚奶嘴的帮助。当他们感到肠胀气、饥饿、疲惫、烦躁或是试图适应那些对他们来说新鲜又陌生的环境时，需要特别安慰和照顾。如果吃东西、轻轻晃动、爱抚等方式还不能使他平静下来，就开始吸吮手指，这时就应考虑给小宝宝使用安抚奶嘴。

宝宝通常对安抚奶嘴的形状等很挑剔，所以在最开始的时候，可多给他试用几个不同形状的安抚奶嘴，观察宝宝的反应，直到他满意为止。对于习惯于吸吮手指的宝宝，可将乳汁或果汁涂于安抚奶嘴上，诱导宝宝接受安抚奶嘴，以戒除吸吮手指。

但如果孩子安抚奶嘴总不离嘴，就会对牙齿有影响，而牙齿咬合不良也会导致宝宝流口水。所以，宝宝 6 个月以后，不要像以前那样频繁地使用安抚奶嘴，应每天控制时间，直至完全地戒掉奶嘴。

缓解宝宝流涎食谱推荐

红豆薏米糊 **健脾、祛湿**

材料 薏米50克，大米、红豆各20克。

做法

1. 大米、薏米、红豆淘洗干净，分别用清水浸泡30分钟～6小时。
2. 将大米、薏米、红豆倒入全自动豆浆机中，加水至上下水位线之间，按下“米糊”键，至豆浆机提示做好，取适量给宝宝饮用即可。

功效 中医认为，涎（口水）为脾之液，当脾虚不能收摄津液时，会出现睡觉流口水的现象，这时应健脾。红豆薏米糊健脾祛湿，适合脾虚的孩子。

雪梨鸡蛋羹 **生津润燥**

材料 雪梨50克，鸡蛋1个。

调料 冰糖适量。

做法

1. 梨去皮和核、洗净切薄片；鸡蛋打散。
2. 锅中加适量水，加梨片和冰糖，小火煮。
3. 待梨煮软，冰糖溶化后，关火，凉凉。
4. 将鸡蛋液倒入做好的梨水中，装入容器中，盖上保鲜膜。
5. 将其放入蒸锅中，大火蒸成羹即可。

功效 雪梨能生津润燥、清热养胃。雪梨鸡蛋羹易消化，泻火利脾，适合脾胃积热而流涎的宝宝。

山药羹 健脾益气

材料 山药 50 克，糯米 20 克，枸杞子少许。

做法

1. 山药洗净，去皮，切块；糯米淘洗干净，放入清水中浸泡 3 小时，然后和山药块一起放入搅拌机中打成汁。
2. 糯米山药汁和枸杞子一起放入锅中煮成羹即可。

功效 山药健脾气、益肾气；糯米补脾气、益肺气；枸杞子补肾。三者搭配健脾益肾，有助于缓解因脾虚造成的流涎。

羊肉山药粥 温中暖下

材料 羊肉、山药各 15 克，大米 25 克。

调料 姜片 3 克，盐 1 克。

做法

1. 羊肉洗净，切成小丁；山药洗净，去皮，切丁；大米淘洗干净，浸泡 30 分钟。
2. 将切好的羊肉和山药放入锅内，加入大米、姜片、适量水，煮成粥。
3. 取出姜片，加入盐调味即可。

功效 此粥有益气补虚，温中暖下的作用，对宝宝胃肠有很好的补益效果，可减少宝宝流涎。

食物过敏：调整饮食

坚持母乳喂养，避免过早添加辅食

有家族过敏史的婴儿尤其要强调前 6 个月尽量纯母乳喂养，而且添加辅食以后仍应坚持母乳喂养。辅食添加不宜过早，且添加辅食要谨慎，品种也应注意，不宜短时间内添加过多食材。

饮食上做到“两多两少”

1. 有家族过敏史的宝宝饮食宜清淡，应多吃温和、易消化的食物，少食热、辣、冷、咸、油腻、过甜的食品。

2. 多吃能预防过敏发作的食物：如富含维生素 C 的新鲜蔬果（白萝卜、白菜、番茄、西蓝花、青椒、葡萄柚等），可以有效抑制过敏症状；如具有抗过敏功能的食物（洋葱、葡萄、芹菜、胡萝卜、红枣、苹果、金针菇等），以增强抗病能力。部分哮喘儿童应少食或忌食易引发过敏的食物，如蟹、虾、带鱼、黄鱼等。

回避致敏食物

婴儿首先回避奶制品

一旦婴儿被确诊为食物过敏，而引起过敏的食物尚未明确，家长首先应让孩子回避奶制品（包括牛奶、豆奶、羊奶等），使用游离氨基酸无敏配方奶喂养 2 ~ 4 周。若这段时间过敏现象逐渐好转，4 周后尝试逐渐恢复原先的奶制品。如果症状仍然出现，说明孩子对之前食用的奶制品过敏，需继续使用游离氨基酸无敏配方奶。应尽早使用无敏配方奶，既能尽快缓解过敏症状，也能降低孩子发生其他过敏性疾病的风险。同时，停止食用其他可导致过敏的食物。

如果是单一食物过敏，应将该食物从饮食中完全排除。多种食物过敏者，则应由营养师对家长进行专门的喂养指导。

寻找过敏食物的替代品

由于针对过敏食物的抗体从体内消失需要一段时间，甚至长达 1~2 年，所以有时需要寻找该食物的替代品。

牛奶过敏的孩子

最好选择深度水解牛乳蛋白配方奶，作为牛奶的替代品，其抗原性较低，不易致敏。如果选用豆奶代替牛奶，可能有 30% ~ 40% 对牛奶过敏的患儿会发生豆奶过敏。

母乳喂养的过敏儿

由于妈妈所吃的过敏食物可通过乳汁传给婴儿，因此过敏婴儿的妈妈应避免进食牛奶或鸡蛋等容易导致婴儿敏感的食物，但无须停止母乳喂养。

鸡蛋过敏的孩子

多数宝宝会对鸡蛋的蛋清部分过敏，有些过敏儿只需避食蛋清即可。具体是否对蛋黄过敏，还应根据孩子的体质及食用后有无过敏症状进行观察得出结论。

吃易引起过敏的食物较多

容易引发过敏的食物有牛奶、鱼虾、鸡蛋（主要是蛋清）、腰豆、坚果、菠萝、含香料的食品、小麦食品等。它们大多数属于异蛋白质类或有皮肤刺激性的食品。有家族过敏史的宝宝尤其注意少接触容易引起过敏的食物，或在尝试易导致过敏的食物时，给宝宝身体一个“缓冲”的时间——先少量尝试，如没有过敏反应，再逐渐加至正常进食量。

把食物不耐受当成食物过敏

很多宝宝在刚开始添加辅食时都会出现一些疹子的情况，但大部分宝宝都不是过敏情况。千万不要把食物不耐受误当成食物过敏，而影响了宝宝享受更多样化的营养美食。

食物过敏与食物不耐受比较表

从广义上来说，食物过敏只是食物不良反应的一种。食物不良反应分为食物中毒、食物过敏、食物不耐受。

	食物不耐受	食物过敏
相关的免疫球蛋白不同	与免疫球蛋白 E 相关	与免疫球蛋白 G 相关
过敏原（不耐受物）不同	鸡蛋、牛奶、花生、黄豆、坚果及鱼虾类等	对乳糖、组胺及水杨酸等几种物质不耐受
发作时间不同	发病比较迅速，往往在吃下食物几分钟至数小时就会出现不良反应	发病比较缓慢，症状一般在进食数小时到数天后才会发现，而且是一个累积的过程
症状不同	症状明显，如呕吐、腹泻、皮肤红肿、哮喘等，日常生活中容易引起关注	症状比较隐蔽，腹泻、腹胀、腹痛、放屁，通常人们认识不到它的存在，可引发过敏性鼻炎、哮喘、湿疹、荨麻疹等
多发人群不同	多发于儿童，成人较少发生	儿童和成人都有可能发生
治疗方法不同	可以通过药物脱敏治疗	通常以调整饮食治疗为主

如果宝宝确诊过敏，怎么办

如果宝宝已经确诊对某种食物过敏，那最关键的一点就是严格忌口。特别要学会读食物标签，如果配料表含有这个食物，那坚决不能碰。

如果宝宝是不耐受，怎么办

小宝宝的肠胃功能还没发育完善，很多不耐受是会随着宝宝慢慢长大而消失。比如宝宝吃了某种食物，第一天开始出现食物不耐受的轻微表现，而且疹子第二天也退了，建议停一段时间就可以重新引进。

缓解宝宝食物过敏食谱推荐

山药红枣泥 预防过敏性湿疹

材料 山药 50 克，红枣 20 克。

做法

1. 山药洗净，去皮，切块，放入蒸锅中蒸熟；红枣洗净，去核，放入锅中，加适量清水，煮软。
2. 将红枣和山药分别用搅拌机打成泥；红枣和山药按 1 ：2 的比例混合均匀即可。

功效 调理脾胃，补益气血，增强抵抗力，预防过敏性湿疹。

洋葱粥 增强抗过敏能力

材料 洋葱 30 克，大米 20 克。

做法

1. 将洋葱洗净，去掉老皮，切碎；大米淘洗干净，用水浸泡 30 分钟。
2. 将洋葱碎、大米一起放入锅中煮成稀粥即可。

功效 洋葱中富含抗炎化合物——槲皮黄素，具有防治过敏性疾病的作用，其作用类似于抗过敏药。

金针菇拌黄瓜 抑制哮喘、鼻炎

材料 去根金针菇、黄瓜丝各 30 克。

调料 香油、醋各 2 克，盐、酱油、白糖各 1 克。

做法

1. 金针菇用冷水浸泡后洗净，入沸水中焯熟，捞出沥干，凉凉，和黄瓜丝一起装盘。
2. 取小碗，放入酱油、白糖、醋、盐和香油拌匀，做成调味汁。
3. 淋入调味汁拌匀即可。

功效 金针菇中含有一种蛋白，可以预防哮喘、鼻炎、湿疹等过敏症。

金针菇拌鸡丝 增强免疫力

材料 鸡胸肉丝 30 克，心里美萝卜丝、金针菇各 20 克。

调料 蒜末、醋各 2 克，香油、盐、酱油各 1 克。

做法

1. 将鸡胸肉丝入沸水中焯烫至熟，捞出凉凉；金针菇入沸水中焯熟，捞出沥干。
2. 将鸡丝、金针菇丝、心里美萝卜丝放入容器内，加入蒜末、酱油、香油、盐、醋拌匀即可。

功效 容易过敏的宝宝通常免疫力低下。这道菜可以调节免疫系统功能。